软装设计

从入门到实战

李江军 编

中国电力出版社
CHINA ELECTRIC POWER PRESS

内容提要

本书分为软装风格解析、配色实战设计、布艺搭配、室内空间的软装布置、软装配饰实战摆场五大部分。全书精选的软装案例，由资深室内设计师进行了详细的解析，层层深入且注重细节。本书内容力求实用，可帮助读者用相对较短的时间，从入门到实战，快速掌握软装搭配的技巧。

图书在版编目（CIP）数据

软装设计从入门到实战 / 李江军编. — 北京 : 中国电力出版社, 2018.9
ISBN 978-7-5198-2396-2

Ⅰ. ①软… Ⅱ. ①李… Ⅲ. ①室内装饰设计 Ⅳ. ① TU238.2

中国版本图书馆 CIP 数据核字（2018）第 207966 号

出版发行：中国电力出版社
地　　址：北京市东城区北京站西街 19 号（邮政编码 100005）
网　　址：http://www.cepp.sgcc.com.cn
责任编辑：曹　巍
责任校对：黄　蓓　闫秀英
责任印制：杨晓东

印　　刷：北京盛通印刷股份有限公司
版　　次：2018 年 9 月第 1 版
印　　次：2018 年 9 月北京第 1 次印刷
开　　本：700mm×1000mm　16 开本
印　　张：15
字　　数：272 千字
定　　价：78.00 元

前言

FOREWORD

软装是指在硬装完成以后，利用家具、灯饰、挂件、摆件、布艺等饰品元素对家庭住宅或商业空间进行陈设与布置。作为可移动的装修，更能体现居住者的品位，是营造空间氛围的点睛之笔。

在国外，并没有纯软装这一概念，因为室内设计的后期工作，大多由室内设计师一并完成，但在国内，室内设计行业起步较晚，其重心多停留在建筑与空间结构上。业主尤其是高端业主群室内环境的软装需求，需要有特定设计师资源为其服务，这就衍生出了软装设计。随着中国室内设计整体发展进度的加速推进，软装设计与室内空间设计的距离必然会像欧美国家一样渐渐拉近，并最终合为一体。很多原先做硬装的设计师转行做软装设计也是顺势而为。

想要成为一名合格的软装设计师，除了专业知识和自身素养之外，最快捷的方法莫过于理解并学习一些国内外经典软装案例所表达的设计主题，然后将这些作品所运用的技法牢记在心，结合自身日常工作加以运用。对于大多数并不具备天赋的设计师来说，模仿过程就是学习过程，没有一个脚踏实地，虚心模仿的过程就不会有举一反三、融会贯通的那一天。

在所有的软装设计元素中，色彩作为软装设计的基础，在整个软装设计实施中占据主导地位；了解各种主流风格的装饰特征，可以提升软装设计师的职业素养；学习和掌握饰品元素的陈列技巧，是最终实现软装布置效果的金钥匙。本书通过对多家软装设计培训机构的调研，从学习者的需求入手，精选国内外 300 多个软装实景案例，特邀黄涵、王梓羲、杨梓、王岚等 4 位知名软装培训老师对这些作品的配色组成、设计主题、陈列手法等做了深度剖析。内容上力求图文并茂，深入浅出，希望能够帮助软装爱好者用相对较短的时间，迅速掌握软装搭配手法。

Contents

FURNISHING

DESIGN

PART

1

北欧风格 · 工业风格 · 港式风格 · 法式风格 · 欧式风格 · 简约风格 · 现代风格 · 美式风格 · 新中式风格 · 新古典风格 · 东南亚风格

主流软装设计风格的

特点解析

▷ 北欧风格

北欧风格家居以简洁著称，注重用线条和色彩的配合营造氛围，没有人为图纹雕花的设计，是对自然的一种极致追求。北欧空间里使用的大量木质元素，多半都未经过精细加工，其原始色彩和质感传递出自然的气息。大面积的木地板铺陈是北欧风格的主要风貌之一，让人有贴近自然、住得更舒服的感觉，北欧家居也经常将地板漆成白色，在视觉上看起来会有宽阔延伸的效果。

软装解析

儿童房的设计延续了整体的色调，白色墙面搭配原木色家具和地板，绿色床品与窗帘颜色相呼应，罗马帘是儿童房常用的一种窗帘款式。层层上拉，有很好的遮光性和保温功能，特别适合用于书房、儿童房。书桌座椅是经典伊姆斯椅的变形，造型圆润，实用舒适。地上铺一块白色的羊毛毯子，给整个空间带来了柔软温暖可爱的调子，是软装设计的亮点。

大师软装实战课〉

儿童房的陈设一般色彩艳丽，动画风格的挂画和动物形状的抱枕、玩具必不可少，营造柔软、可爱、温馨的氛围。

● 北欧风格床品搭配

北欧风格的卧室中常常采用单一色彩的床品，多以白色、灰色等色彩来搭配空间中大量的白墙和木色家具，形成很好的融合感。如果觉得单色的床品看久了比较乏味的话，可以挑选暗藏简单几何纹样的单色面料来做搭配，这样会显得空间氛围活泼生动一些。

软装解析

该空间陈设使用亮黄色的椅面，搭配黑白格纹的抱枕，与后边深色沙发和彩色抱枕，以及现代涂鸦风格的地毯，形成鲜亮的色彩对比，整体氛围灵动，带来轻松愉悦的自然气息。

大师软装实战课〉

伊姆斯椅是由美国的伊姆斯夫妇于1956年设计的经典餐椅，灵感来自于埃菲尔铁塔，其以简洁的弧线造型，多变的色彩，舒适的实用性，至今仍备受人们喜爱。它不仅用在餐饮空间，在简约风和北欧风格等现代风格中甚至作为单椅使用。

● 北欧风格抱枕搭配

北欧风格的空间中，硬装处理得都比较简洁，没有过多的装饰，这时就可以通过色块相对鲜明的抱枕来点缀空间。挑选这些抱枕时，可以选用色彩、面料和纹样相对丰富一些的款式，但注意不要过度夸张，高明度、低饱和度和几何纹样的款式是首选。

软装解析

该案整体空间中带有暖意的白贯穿整体，加之挑高的建筑结构，让整个空间更显明亮通透，主要光线来自让人称羡的落地窗，充足的自然光，使空间氛围和感情也一并升温。鹿头雕塑和木柴的装饰，体现北欧崇尚自然的情调。点光源的烛台灯也是这类简约空间中常见的灯具。

大师软装实战课〉

北欧风格最让人着迷之处便是在简单中呈现出不凡的气质，当地有个有趣的单词“hygge”便是在形容这份独特，中文可以解释成舒服、惬意，其实就是指一种情境上的美好舒适。

软装解析

简洁的室内装饰，洁白的空间，时尚、简约的家具，灰色调的布艺装饰，搭配着充满艺术感的挂画，在木质地板的烘托下，让生冷的空间调和出温馨的气氛，舒适的北欧风格就呈现在眼前。

大师软装实战课〉

室内空间中的色彩搭配需要成组出线或者有呼应地在同色系范围内交替存在，比如该案中灰蓝色的抱枕和沙发坐垫，以及电视柜摆件的色彩，使色彩丰富和谐统一但不显得杂乱无章或者太突兀。

软装解析

绿色的背景墙代表了自然清新，米白色墙板背景和白色大理石地面使整体空间明亮整洁，北欧风格的布艺选择主要以棉麻材质为主，体现自然、实用、环保的风格理念。空间中总不能少了北欧著名设计师设计的作品，例如该案中陈列的丹麦著名设计师汉斯维纳的孔雀椅，采用车木工艺制作，没有生硬的棱角，保留圆滑的曲线，给人以亲近质朴之感。

大师软装实战课〉

北欧风格的家具一般造型简洁，多选用车木工艺的家具。北欧风格的摆场重点在于产品的选择，无须过多复杂的装饰。

北欧风格家具搭配

北欧风格家具一般都比较低矮，以板式家具为主，材质上选用桦木、枫木、橡木、松木等不曾精加工的木料，尽量不破坏原本的质感。将与生俱来的个性纹理、温润色泽和细腻质感注入家具，用最直接的线条进行勾勒，展现北欧独有的淡雅、朴实、纯粹的原始韵味与美感。

软装解析

该案中水泥地面处理与原木色家具营造出轻松随意的氛围，亮点是整面蓝色墙面，与白色搭配更加清新明快。干花的装饰更具有自然的气息。挂毯有些许异域风情。

大师软装实战课〉

在北欧的文化里，人们对生活、对家居、对各种生活杂物都比较珍视。“尽量长时间地使用”是北欧人生活的信条。大量木质家具、裸露的砖墙，体现北欧人生活方式中崇尚自然、力求清新的关键点。

软装解析

客厅空间是家居生活中带给我们最多幸福感的地方，拉开窗帘阳光温暖整个房间，甩掉鞋子、丢掉包包，慵懒地躺在豆袋椅里。充足的自然光照明、大量白色墙面与木地板的烘托是北欧风格经典的象征，L 形宽大舒服的布艺沙发能够吸收所有负能量，几何图形的地毯呼应三角形拼图的挂画。明亮的北欧风格混搭工业风中常用的吊灯，时尚不失格调。整体空间色彩以淡蓝色和灰色调为主，如此放松和惬意的环境，会不自觉地想煮一杯热咖啡,在一个角落坐下放空自己。

大师软装实战课〉

北欧风格主要营造人与自然和谐共生的舒适感。

软装解析

玻璃和金属的质感虽然给人较为冰冷的感觉，但其实有效的运用能够创造出时尚感。该案为 Loft 公寓，挑高空间中搭配一组体量大小不一的藤球挂灯，很好地丰富了空间层次，使之简约而不简单。室内大体为黑白灰色调，搭配木色家具，在禁欲风中柔和了温暖的感情，谁说黑白灰不能体现温馨的氛围呢？

大师软装实战课 〉

nomon 品牌挂钟属于全球室内挂钟的风向标，浓郁的艺术气息，让挂钟不只是一个生活实用品，更是一个艺术品，一道提升空间的风景线。

软装解析

温莎椅是乡村风格的代表，椅背、椅腿、拉挡等部件基本采用纤细的木杆旋切而成，椅背和座面充分考虑了人体工程学，具有很好的舒适感。因此温莎椅以自己的独特性、稳定性、时尚性、耐用性等特点历经 300 年而长盛不衰，其以“设计简单而不是尊贵，装饰优雅而不奢靡”的特点在漫长的家具历史长河中得到肯定与认同，不论是寒舍、客栈还是豪宅中，都适宜搭配。

大师软装实战课 〉

与崇尚自然回归的椅子相搭配，常选用棉麻编织等布艺，与同材质的木箱搭配和谐统一，枯枝更是营造出烂漫的情节，整体自然舒适。

工业风格

工业风格是近年来室内装修设计中一股颇受追捧的风潮，在裸露砖墙和原结构表面的粗犷外表下，反映了人们对于无拘无束生活的向往和对品质的追求。工业风格的基础色调无疑是黑白色，辅助色通常搭配棕色、灰色、木色，这样的氛围对色彩的包容性极高，所以可以多用彩色软装、夸张的图案去搭配，中和黑白灰的冰冷感。

软装解析

小场景的软装陈设需要突出场景主题，该案中体现了手工 DIY 材料包的场景。外露的铁艺挂杆上缠绕不同颜色和样式的线圈布带、剪刀软尺和本子卡片等，金属与木材结合的收纳柜上摆放一些稀奇古怪的零碎，每个抽屉上有块小黑板，可随时更换分类物品的名称，美观实用。单椅旁一个铁架小几，既可以摆放物品，也可以踩踏，还可以直接坐在上面；随意歪倒的杂志，刚好体现空间使用中的生活气息。

大师软装实战课〉

在素色空间中小麦花环更显得质朴，工业风格的摆场适合凌乱随意不对称，小件物品可选用跳跃的颜色点缀。

软装解析

在同样破败美的背景下，一把鲜艳的 Tolix 椅（Marrays A Chair），展现了法式慵懒而闲适的气质，例如在该案中，大红色的设计给整个场景的氛围带来一些生机，但这种惊艳的陈设不宜过多，在周围深色或破旧感的映衬下，营造一个抢人眼球的视觉中心。一枝干枝，几片枯叶，融入整体氛围，别有一番风味。

大师软装实战课〉

Tolix 椅于 1934 年由 Xavier Pauchard 设计，被全世界时尚设计师所宠爱，可有多个用途，多种变形，是一把有味道、有态度的椅子，与混搭、乡村、美式、怀旧、北欧简约、中式等装修风格搭配，都能呈现出独特的韵味。

软装解析

该案空间设计亮点在于墙面的设计处理，用砖墙和原始的水泥墙取代千篇一律的粉刷墙面，一粗糙一光滑，皮质沙发和布艺靠包、金属制单椅、烤漆茶几搭配钓鱼灯、深色混纺地毯，各种材质之间的质感碰撞，给室内空间带来一种老旧却又摩登的视觉效果。整体空间用色不多，以黑白灰搭配红色砖墙为主调，浅黄色布艺靠包在黑色皮质沙发上是点睛之笔。素色窗帘、原木地板、大叶绿植，展现工业风中原始与回归自然的感觉。

大师软装实战课〉

工业风格搭配中要注重皮革的颜色与材质，选择带有磨旧感或经典色的皮革能够营造出空间复古的韵味。

● 工业风格家具搭配

工业风格的空间对家具的包容度是很高的，可以直接选择金属、皮质、铆钉等工业风家具，或者现代简约的家具也可以。例如皮质沙发搭配海军风的木箱子、航海风的橱柜、Tolix 椅子等。

软装解析

挑高的空间，裸露的窗户和横梁，光秃秃的表面，营造出空旷仓库的破旧感。做旧的家具、灰白色调的软配，编织质感的地毯，在明媚的阳光下显得安静而温柔，仿佛一个年轻的女子在聆听一座有故事的房子的诉说。

大师软装实战课 〉

工业风格的室内空间陈设无须过多的装饰和奢华的摆件，一切以回归为主线，越贴近自然和结构原始的状态，越能展现该风格的特点。搭配用色不宜艳丽，通常采用灰色调。

软装解析

将黑板元素运用在收纳柜的设计中，巧妙地进行储存分类的标记。工业风格常见的金属骨架与原木结合的柜体，一格格抽屉，有种中式药材柜的感觉。铁丝网状收纳盒，外露的物件，凌乱无序地摆放，搭配一小盆仙人掌，工业风更体现得淋漓尽致。

大师软装实战课 〉

工业风格中常出现 DIY 的场景，例如该案中的黑板画面，其中字体与构图的美观也尤为重要，一般使用英文书写，更显格调。

软装解析

该案整体空间采用黑白灰色系，黑色地板显得神秘且稳重，留白的墙面优雅轻盈，连接二者之间的灰色墙壁和屋顶，使整个空间和谐统一。室内除了家具陈设没有多余的装潢，纯粹的黑色餐桌椅组合，使空间更具工业风。落地窗内外的两个世界都是同一色系，有一种冷酷的静谧感。远处搭配钓鱼灯以及纯度很高的黄色茶几和玫红色单椅，是空间中的点睛之笔。

大师软装实战课 〉

黑白灰经典色系，搭配出干净简洁的空间效果，突显工业风傲骨的一面。

软装解析

与传统家居装饰相反的是，工业风常常将各种水电管线裸露在外面，正如该案中顶部管线的处理方式，将它成为室内的视觉元素之一，不仅可以完美拥有挑高的天花板，而且可以打造出个性不做作的工业风精神。皮质与木质搭配的沙发套系，更显现出年代的质感。远处的书架采用管道延伸的再制家具，更体现出工业风中的匠艺精神。

大师软装实战课 〉

老而不衰，在工业风的空间中体现旧物的历史沉淀感。比如复古的落地灯、斑驳的铁皮门。在陈旧环境中融入现代元素，如高品质电器和有质感的操作台面，新旧交融，更突显当今与过往的时代变迁感。

背景墙使用复古做旧处理的墙板，营造出工业空间氛围的破旧美。与做旧处理对比，家具在选择上以纯色简约为宜。白色挂钟是装饰亮点。常用在餐饮空间的交叉椅（cross back chair），体现法式乡村风格并带有一点点工业元素。

大师软装实战课 〉

工业风常出现颓废美的混搭场景，在款式和颜色的选择上更容易搭配。

● 工业风饰品元素

在工业风的家居空间中，选用极简风的鹿头、前卫的当代艺术家的油画作品、有现代感的雕塑模型作为装饰，会极大地提升整体空间的品质感。这些小饰品别看体积不大，但是如果搭配得好，既能突出工业风的粗犷，又会显得品位十足。

▷ 港式风格

港式风格不仅注重居室的实用性，而且符合现代人对生活品位的追求。其装饰特点是讲究用直线造型，注重灯光、细节与饰品，不追求跳跃的色彩。如果觉得这种过于冷静的家居格调显得不够柔和，就需要有一些合适的家居饰品进行协调、中和。

软装解析

主调白色的家具搭配蓝色抱枕，主调蓝色的地毯有白色纹理相呼应，金属灯具、饰品摆件与带有金属的家具相呼应，整体大色调和谐统一，互相渗透但不泛滥，点到为止恰到好处。一盆淡粉色的蝴蝶兰为整个空间带来了一丝自然的清流，且花盆选择也与周围环境十分和谐。

大师软装实战课 〉

港式风格中对家具与装饰物的要求很高，是引领潮流的先锋，每一件都精巧细致，耐人寻味，但整体而言却不突兀。

港式风格布艺搭配

港式风格的优点就在于虽大量使用金属色，却并不让人感觉沉重阴暗。一般现代港式家居的沙发多采用灰暗或者素雅的色彩和图案，所以抱枕应该尽可能地调节沙发的刻板印象，色彩可以跳跃一些，但不要太过鲜艳，只需比沙发本身的颜色亮一点就可以了。

软装解析

港式风格的卫生间设计基础环境通常使用石材包围，石材与镜面的结合，在灯光的照射下具有强烈的反射效果，提升了空间亮度，也带来洁净光亮的视觉心理效应。洗手台下的柜子可找橱柜公司定做，下面悬空便于平时的打扫，视觉上也显得更加轻盈。

大师软装实战课〉

港式风格卫生间在摆场的时候整齐的毛巾和适度的小盆花卉是必不可少的。小件物品使用托盘归纳，美观又实用。

软装解析

该案中多以金属色、红色相搭配，家具及格局运用典型的线条感，配合镜面组合的设计，营造金碧辉煌的豪华感，简洁而不失时尚。

大师软装实战课〉

港式风格是码头文化与殖民地文化的产物，因此善于对刚性材料与线性材料进行运用。换言之，港式文化多源于码头文化，室内设计潮流多以现代简约为主，大多使用冷静的色彩和简单的线条。

软装解析

港式家居空间常搭配金属色和镜面质感的装饰或家具。该餐厅空间以冷静的色彩和简约的线条块面来体现港式风格的现代感，通过软包座椅、拼花地砖以及鲜花饰品的摆放等，中和整体空间过于冷静的氛围。

大师软装实战课〉

港式风格的餐厅摆场有一个细节是在餐具的选择上，因为整体家居中的用料和造型等大多精良，因此餐具常常选择那些精致的陶瓷、餐布和餐具等。点缀色使用深紫、深红等纯度低的颜色，才不会失去应有的高贵感。

软装解析

该起居室巧妙地使用了一款经典的吊灯，来自丹麦保罗汉宁森（Poul Henningsen）的松果灯（PH-Artichoke Glass），与筒灯配合，在满足照明的前提下产生很多生动的照明效果，很好地提升了整体空间格调。

大师软装实战课〉

港式风格的家居空间设计大多采用黑白灰以及高级灰等内敛的颜色，造型多是简单的直线或几何形体，因此需要采用一些较为丰富的元素来中和这种冷静感。

软装解析

与圆形吊顶相呼应的弧形沙发、圆形茶几以及椭圆形地毯，使空间看起来整体流畅。灰色墙面与深红色沙发形成了整体空间的主体色调，都属于灰暗色系，加之不同材质间的对比关系，比如皮质、绒布、金属、玻璃等稍加点缀，给人一种和谐平静但不暗沉呆板的感觉。

大师软装实战课〉

港式风格中常使用灰暗色调来丰富空间，造型常使用直线等，总体要简单大方，切不可花哨，那样会影响整体空间的气质。

软装解析

该案主要通过木质色调使整个书房空间产生放松和静心的氛围，家具采用金属包边效果，不仅增强了家具的线条感和硬朗的质感，更能反映出该空间使用者的气质。与之相中和的温柔元素是墙面的挂画和写字桌上的盆栽。搭配精致的咖啡杯和望远镜，是远离嘈杂世界的好地方。

大师软装实战课〉

港式风格中体现现代轻奢生活，尤其在书房设计上，更能体现高雅时尚的生活态度以及对生活高品质的追求。

法式风格

优雅、舒适、安逸是法式家居风格的内在气质。装饰题材多以自然植物为主，使用变化丰富的卷草纹样、蚌壳般的曲线、舒卷缠绕着的蔷薇和弯曲的棕榈。为了更接近自然，一般尽量避免使用水平的直线，而用多变的曲线和涡卷形象，它们的构图不是完全对称的，每一条边和角都可能是不对称的，变化极为丰富，令人眼花缭乱，有自然主义倾向。

软装解析

典型的法式新古典氛围营造。孟莎式屋顶下，背景墙采用经典的帕拉弟奥三段式设计，整体布局以床为中心，突出轴线对称的原则，选用 S 形粗壮弯腿的洛可可风格家具，软包及金色彩绘，使整个空间气势恢宏，高雅奢华。 窗帘布艺与床品在色彩上相呼应，床幔是整个空间的亮点，丝质有光泽的布艺，更好地营造空间的奢华、温馨和舒适感。

大师软装实战课 〉

在壁纸和床品花纹明显的房间中，床幔是最清楚最直接展示在卧室空间中的，因此不宜使用多余的花色和颜色，应以营造静谧、祥和的气氛为主，不应过于张扬。

● 法式风格布艺搭配

法式风格一般会选用对色比较明显的绿、灰、蓝等色调的窗帘，在造型上也比较复杂，透露出浓郁的复古风情。此外，除了熟悉的法国公鸡、薰衣草、向日葵等标志性图案，橄榄树和蝉的图案也普遍被印在了桌布、窗帘、沙发靠垫上。

软装解析

壁炉设计常反映古典欧式的建筑风格，兼具装饰作用和使用功能。在深色背景下，白色壁炉造型十分抢眼。爱奥尼克柱式及卷草纹等花纹雕刻精良，造型独特的装饰镜和对称摆放的包金烛台，尽显奢华。镜前正中摆放复古西洋座钟，与周围环境搭配出一种徽州陈设文化中常见的“钟声瓶镜”的寓意。前方在黄金分割点侧放一把新古典风格的翼背椅，橘色靠垫活跃了整个画面的气氛。

大师软装实战课〉

小场景的软装搭配更应注意色彩对比，区分主次及前后关系。

软装解析

轻复古的法式混搭空间并没有随波逐流，它用自己独特的视角展现了别致而又潇洒的一面，让它褪去了欧式风格的浮华，只有一些金色线饰品的点缀。金色亚光装饰镜的加入，不仅让其本身能够增加空间的层次，而且其质感也增加了一种低调而奢华的美。

大师软装实战课〉

餐厅墙面挂镜具有丰衣足食的美好寓意，镜子的形状和款式很多，具体应根据整体软装风格进行选择。

软装解析

法式风格在整体搭配中注重在细节雕琢上下功夫。该案中雕花床头，丝绒软包，工艺精细的柜子，在墨绿色花朵床品还有古典图案地毯的映衬下，浪漫清新之感扑面而来。窗帘和床品色彩相统一，使用波浪帘头，豪华、大气，烘托出室内华丽的气氛。水晶吊灯和烛台饰品的陈设搭配，营造出浓郁的高贵典雅的贵族风情。

大师软装实战课〉

为了营造豪华舒适的居住空间，选择法式廊柱、雕花、线条和制作工艺精良的家具、饰品是必不可少的环节，统一布艺材质和色彩的关系，注重细节处理。

软装解析

该案硬装部分以白色护墙板和金色装饰线营造浪漫奢华的氛围，餐桌椅搭配两个不同色彩款式主椅，水晶灯在镜面天花的反射下更加闪烁，烛台和花艺以及餐具，都是法式风格摆场中必不可少的元素。

大师软装实战课〉

洛可可风格属于一种装饰艺术，主要表现在室内装饰上，是在巴洛克装饰艺术的基础上发展起来的。主要的特点是摒弃巴洛克色彩浓烈装饰浓艳的特点，以浅色和明快的色彩为主，装饰雕花纤巧细致，家具也非常精致且偏于烦琐。

▷ 欧式风格

欧式古典风格大多金碧辉煌。红棕色的木纹彰显雍容，白色大理石演绎优雅的华彩，蜿蜒盘旋的金丝银线和青铜古器闪闪发亮，另外，以深色调为代表的色彩组合也适合于欧式古典，藏蓝色、墨绿色的墙纸，暗花满穗的厚重垂幔，繁复图案的深色地毯，配上白色木框的扶手，贵族气息顿时扑面而来。而简欧风格要求只要有一些欧式装修的符号在里面就可以了，软装色彩大多采用白色、淡色为主，家具则是白色或深色都可以，但是要成系列，风格统一。

软装解析

简欧风格的空间省去了过多繁复的雕刻装饰，硬装部分简洁明朗，主要通过家具和陈设体现欧式精致华美的贵族气质。洛可可风格的家具选择，整体以浅色调为主，床品窗帘等布艺选用灰白色系纯色，床幔颜色与新洛可可风格软包沙发相呼应，水晶吊灯可提亮整个空间的视觉效果。

大师软装实战课〉

整体偏浅色的空间要突出颜色的搭配和变化，主要体现于布艺和饰品挂画的选择上，以高级灰为宜，不宜过于艳丽。

● 简欧风格饰品元素

简欧风格的灯具外形简洁，摒弃了古典欧式灯具繁复的造型，继承了其雍容华贵、豪华大方的特点，又有简约明快的新特征，适合现代人的审美情趣。饰品讲究精致与艺术，可以在桌面上放一些雕刻及镶工都比较精致的工艺品，充分展现丰富的艺术气息。另外金边茶具、银器、水晶灯、玻璃杯等器件也是很好的点缀物品。

软装解析

玄关柜可谓整体设计思想的浓缩，在房间装饰中发挥着画龙点睛的作用。欧式风格走廊或通道尽头的空间常放置玄关柜来丰富空间，一般搭配挂画、摆件、画框等装饰，营造出曲径通幽的意境。

大师软装实战课〉

为避免空间显得局促拥挤，玄关家具并不以收纳为主要功能，选择一两件足矣，样式要精致，并与整体风格协调搭配。

● 欧式风格家具颜色搭配

欧式风格家具颜色与墙面的颜色协调很有讲究：如果墙面颜色是暖色调，比如桃红色，那么欧式家具的色调最好也是暖色调的，可以选择樱桃木等材质的家具；如果墙面颜色偏冷色调，如水蓝色、果绿色等，那么家具就要避免选择上述材质，黑胡桃木则更为理想。

软装解析

皮质沙发与布艺沙发在铆钉玻璃茶几的自然光映射下，更加凸显出质感，与顶面的亚光木色隔空对比，增加了整体空间感。棕色皮质沙发与地面菱形地砖的结合，促进了整体色彩的连贯，并与两侧的布艺沙发组合形成冷暖对比，立体相映，协调中富有层次变化，和谐有序。

大师软装实战课〉

真皮沙发之所以高贵，最重要的还是因为其使用的真皮面料，一套好的真皮沙发几乎要用十头牛的牛皮来制作，再加上烦琐细致的工艺，精湛的设计，因而凸显品位。所以，面料的真假、好坏是决定真皮沙发品质的第一要素。

软装解析

书房的地面运用整张牛皮地毯，在木质地板、书架及墙面的相互辉映下，更显张力，牛皮地毯与休闲椅子的颜色让整体空间更显稳重，且凸显简欧风格的优雅姿态和品质，也营造出空间的书香气息。

大师软装实战课〉

简欧风格既传承了古典欧式风格的优点，彰显出欧洲传统的历史痕迹和文化底蕴，又摒弃了古典风格过于繁复的装饰和肌理，在现代风格的基础上，进行线条简化，形成简洁大方之美。

软装解析

简欧的室内设计其实兼容性特别强，如果把家具换掉，可以瞬间变成现代风格，也可以成为中式风格，因此软装设计的重点就是家具的选择和搭配。该案中在香槟色的墙面上融入白色木格窗等非常具有代表性的欧式元素，简约大气，更贴近自然，软包家具搭配法式古典的床头柜和电视柜，中国红色的床品和抱枕，温馨浪漫，也符合中国人的审美。

大师软装实战课〉

欧式风格中常出现圆形装饰镜，象征太阳和太阳神，后来这种信仰的成分逐渐减弱，发展成为现如今固定的装饰元素。

软装解析

家具风格基本决定了空间风格的定位。该案从安妮女王式的家具可以断定属于新洛可可风格。曲线造型，S 形弯腿带有猫脚爪，椅背两侧有圆角。整体以浅白色为主调，蓝色调为搭配。通过蓝色马赛克拼贴进行虚拟空间的功能区域划分，蓝色插花及用餐布的选择与空间主次色调相呼应。环绕金色窗帘和暖黄色氛围光，空间精致烦琐但不像巴洛克那样色彩浓艳。

大师软装实战课〉

简欧风格的家居中，许多繁复的花纹虽然在家具上简化了，但是制作的工艺并不简单，设计时多强调立体感，在家具表面有一定的凹凸起伏设计，以求在布置简欧风格的空间时，具有空间变化的连续性和形体变化的层次感。

▷ 简约风格

简约风格强调少即是多，舍弃不必要的装饰元素，将设计的元素、色彩、照明、原材料简化到最少的程度，追求时尚和现代的简洁造型、愉悦色彩。现代简约风格的家具通常线条简单，沙发、床、桌子一般都为直线，不带太多曲线，造型简洁，强调功能，富含设计或哲学意味，但不夸张。

软装解析

主卧整体色彩并不多，主体色是白色，点缀带有舞姿画面的黑白灰较为鲜明的装饰挂画，让整体空间彰显出不一样的灵动感觉，同时更富有艺术气质。床品的黑色线条框与装饰画的边框相呼应，既饱含现代气息，更让整体空间层次鲜明，动感丰富。

大师软装实战课

现代画通常选择直线条的简单画框。如果画面与墙面本身对比度很大，也可以考虑不使用画框。在颜色的选择上，如果想要营造沉静典雅的氛围，则画框与画面可以使用同类色。

简约风格装饰画搭配

简约风格家居可以选择抽象图案或者几何图案的挂画，三联画的形式是一个不错的选择。装饰画的颜色和房间的主体颜色相同或接近比较好，颜色不能太复杂，也可以根据自己的喜好选择搭配黑白灰系列线条流畅具有空间感的平面画。

软装解析

白色的空间主调给人一种高级、科技的意象，尤其是带有灰色纹理的白色大理石地面，其质感给人一种严峻坚硬的心理暗示，为了柔化这一冷峻感，室内的其他陈设部分均采用暖色系以及柔软的材质，例如布艺软包餐椅以及金色吊灯等，氛围营造舒适，色彩搭配典雅。

大师软装实战课〉

餐椅的摆场有时可灵活变化位置关系，如图中对称的摆放中突出一把餐椅的摆放，使氛围更加活泼。餐盘餐具按照餐椅数量对应摆放整齐，按照西方用餐习惯，刀叉的位置不能出错。餐桌装饰的小盆栽与吊灯相呼应，更具有统一性和整齐的感觉。

软装解析

奥黛丽赫本的装饰画是白色背景和黑色家具的搭配过渡，言简意赅但恰到好处。家具中的座椅是陈设亮点，用女性人体与潘顿椅相结合而成，是对经典的复刻，更是时尚与现代的体现。黑白灰的环境中用素雅的马蹄莲做搭配，尽显优雅、尊贵、圣洁的气质。

大师软装实战课〉

传世女神奥黛丽赫本的黑白经典影像是所有人都会为之倾倒的永恒记忆，用在空间装饰中其目的是突出女性柔美的生活气息以及高雅气质的格调。

软装解析

在明亮开敞的空间中，自然光本身就是最好的装饰手法。造型简约的长条沙发，抱枕颜色与单椅颜色相呼应。玻璃台面的茶几与布艺沙发和兽皮地毯进行材质的对比，展现更有质感的光泽度。客厅与餐厅存在空间高差，使视觉层次更加丰富。最大的亮点是经典座椅的使用：由埃姆斯夫妇设计的 670 号躺椅以及 DAR 餐椅。

大师软装实战课〉

670 号躺椅又称为安乐椅，是既经济又舒适的黑色皮革家具，头靠、靠背和坐面，每个部位都由五层胶合板与两层巴西红木单板组成，扶手部分还运用了减振垫，像一副“好用的棒球手套”一样，整体设计尽显奢华与气派。不论摆放在哪里，都能够使空间充满现代气息。DAR 餐椅是历史上第一套量产的塑料椅，也代表了现代室内设计风格的诞生，使用在该空间中十分到位。

软装解析

木饰面勾缝处理的床头背景墙，搭配茶镜，延伸了整体空间的视觉面积，方正几何形态的床头灯，时尚大气。窗帘和床头柜以及壁纸的颜色相一致，营造出温馨的空间氛围。白色床品不仅能够彰显床品的干净整洁，同时也能衬托出周围环境的洁净感。

大师软装实战课〉

卧室主体颜色是整体，床品是局部，所以不能喧宾夺主，只能起点缀作用，要有主次之分。床品的色彩和图案要遵从窗帘和地毯的系统，最好不要独立存在，哪怕是希望形成撞色风格，色彩也要有一定的呼应。

软装解析

用简单的黑白灰三个色调装饰整个空间，为了保持宽敞的卧室良好的采光，使用卷帘窗帘，空间更加通透简洁。不得忽略的是柠檬黄的使用，色彩在整个空间中着色不多，但恰到好处，点亮了整体氛围，让原本有些冰冷的空间瞬间提升了活跃度和现代感。

大师软装实战课〉

对比强烈的色彩运用能在空间中起到画龙点睛的作用，使层次分明，对比明显，但切记颜色种类不要过于繁多。

软装解析

该案中沙发、单椅以及美人榻都使用灰色调，大面积的红色地毯则通过花纹图案来降低颜色纯度，与茶几摆件的颜色和挂画中的红色相呼应，并且搭配白色大理石台面的茶几，提亮了整体空间的色调，独具特色的艺术吊灯更是丰富了整体氛围，使居住者在这样的空间中有一种放松豁达、简约时尚的感觉。

大师软装实战课〉

大空间配合使用大体量家具，在现代简约风格中主体物常常运用灰色调，来降低视觉冲击力，亮色调只作为小面积的点缀或降低明度后再大面积使用。

现代简约风格一直是酒店标间和酒店式公寓设计的主流，其简约大方、时尚稳重的气质是引领时代发展的风向标。

软装解析

简约风格在建筑装饰上提倡尽量少的装饰，对家具造型、材质质感和色彩搭配有较高的要求。

该空间中以灰度色彩为主调，宽大柔软的布艺沙发带来无尽的舒适感，蓝色抱枕与蓝色花纹地毯和蓝色陶瓷瓶摆件相呼应，以原木色和白色作为衬托，整体氛围不管是视觉上还是尺度规划上都很舒服。

大师软装实战课〉

简约并不代表简单和空洞，不同质感的家具和饰品，在暖光源下同样可以营造出丰富温馨的氛围。

● 简约风格饰品元素

简约风格家居应尽量挑选一些造型简洁的高纯度饱和色的饰品，一方面要注重整体线条与色彩的协调性，另一方面要考虑收纳装饰效果，将实用性和装饰性合而为一。让饰品和整体空间融为一体。

在摆设饰品时首先要考虑到颜色的搭配，和谐的颜色会给人以愉悦的感觉。硬装的色调比较素雅或者沉闷的时候，可以选择一两件颜色跳跃的单品来活跃氛围，恰到好处的点缀，能打造出足够惊艳和舒适的空间效果。

软装解析

现代简约风格代表了一类追求时尚和个性的群体，该案中整体为灰色调，彩虹色提亮的个性艺术装饰画使整个空间活泼起来。黑色吊扇既有实用性又有装饰性，与黑色皮质沙发和落地灯的色彩相一致，整体感强。白色纤维地毯柔化了整体气氛并提亮了空间色调。

大师软装实战课〉

很多现代简约空间的光环境没有设计主灯，而是靠氛围光和筒灯照明，在看不到光源的情况下，营造更加温馨舒适的空间环境。

软装解析

1955 年，丹麦建筑师阿尔内 · 雅格布森创造了这把 3107 型椅子，实质上是“三腿蚂蚁椅”的延伸，它继承了“整体艺术”的思想，力求将室内外空间的设计作为一个整体来构思。这款模压胶合板的椅子受埃姆斯设计的影响，成为了丹麦现代风格的典型代表作。

大师软装实战课〉

3107 型椅子常用在现代风格的餐饮空间以及室内外交接的空间中，在复古现代主义风格的餐厅空间中摆上几把 3107 型椅子是常见的搭配。

软装解析

胡桃木色的背景墙，搭配经典的黑色皮质沙发及 670 号躺椅，霸道总裁风油然而生。白色大理石台面的茶几与黑色皮质沙发材质形成强烈的对比，灰白色调的条纹地毯串联所有单体家具，丰富了整体空间。茶几的陈设主要为营造生活气息，比如打开的书本，精致的纸巾盒，酒瓶和高脚杯等。通常会摆放托盘，既规整了摆件，又丰富了空间层次关系。左边的单椅和单色窗帘，依然迎合整体空间色调。

大师软装实战课〉

蝴蝶兰是室内常用的陈设植物，其优雅的身姿和多样的色彩备受人们喜爱。蝴蝶兰的话语是仕途顺畅、幸福美满，极好的寓意也更适合家居空间。

● 简约风格花艺搭配

简约风格家居大多选择线条简约、装饰柔美、雅致或苍劲有节奏感的花艺。线条简单呈几何图形的花器是花艺设计造型的首选。色彩以单一色系为主，可高明度、高彩度，但不能太夸张，银、白、灰都是不错的选择。

现代风格

现代风格家居一向都是以简约精致著称，尽量使用新型材料和工艺做法，追求个性的空间形式和结构特点。色彩运用大胆创新，追求强烈的反差效果，或浓重艳丽或黑白对比。软装上通常选用传统的木质、皮质等市场上占据主流的家具，但可以更多地出现现代工业化生产的新材质家具，如铝、碳纤维、塑料、高密度玻璃等材料制造的家具。

软装解析

现代风格的书房空间，将设计元素、照明和材料精简到极致，对色彩和材料质感要求很高。例如本案中以白色为主色调，蓝色墙面和紫红色块毯为辅助，用波普艺术的经典装饰画——安迪·沃霍尔（Andy Warhol）的玛丽莲·梦露，带动了整个空间色彩的灵动性，搭配色彩和造型前卫的椅凳，光泽度极高的钢琴烤漆台面，使空间达到以少胜多的效果。

大师软装实战课〉

现代风格的饰品选择要个性十足、质感到位，例如本案中的画品和饰品、灯具以及前方的贵宾狗雕塑等。

软装解析

白色和原木色相搭配的空间给人以干净、明亮、简洁、贴近自然的舒适感。巨幅马赛克拼贴画是该空间的设计亮点，不仅划分了客厅和餐厅两个功能空间，也彰显了现代简约风格追求时尚个性的空间气质。布艺沙发、靠垫、地毯以及软包餐椅柔和了整个空间的质感。

大师软装实战课〉

小户型客厅和餐厅设计在同一空间时，多使用点光源或氛围光，主灯多用在餐厅区域，造型简洁大方即可。

软装解析

本案设计高度展现了现代风格的设计特点。其亮点在于不同造型但色系相同的椅子上，室内家具外形简洁、功能性强，强调空间形态和物件的单一性和抽象性，色彩对比强烈。

大师软装实战课

现代简约设计起源于包豪斯学派，提倡功能第一的原则，提出适合流水线生产的家具造型，简化所有装饰，常常在色彩和材质上要求很高，因此简约的空间设计通常非常含蓄。

● 现代风格家具搭配

用塑料制成、看上去轻松自由坐起来又舒服的桌椅，造型棱角分明、毫不拖沓的皮质沙发组合，造型独特、可调节靠背提供多种不同放松姿势的躺椅等，这些亮眼的家具如果能和相对单调、静态的居室空间相融合，可以搭配出流行时尚的装饰效果。

软装解析

此案中经典的蒙德里安格子画运用得十分到位，横竖线条恰当地与吊顶和墙面设计相融合，通过拉伸和变形，串联餐厅和客厅两个狭长的空间，显而易见地突出了空间主题。靠包更是格子画的衍生品，在主调白色和原木色的空间中，搭配适度的三原色，体现干净、简洁和贴近自然生活的北欧风情。

大师软装实战课〉

将经典画作立体化，也是将风格派艺术由平面延伸到三维立体空间的完美展现，使用简单的基本形式和三原色创造出了优美而具功能性的室内空间环境。

软装解析

该空间搭配巧妙地将扶手单椅和背景墙挂画图案相统一，使黑白色彩融汇在整体明度都很低的空间中，搭配深红色皮质沙发、深色大理石台面的茶几和深色地毯，传递给人以低调奢华的氛围。靠包选用不同材质，与皮质相协调，茶几上的饰品以玻璃制品为主，增强空间活跃感。

大师软装实战课〉

越靠近地面的物体颜色使用越暗，使整个空间可以沉下来，给人以稳重感。

软装解析

红色的餐椅搭配黑色的边框更加沉稳、自然。花朵形的储物花格和微妙的光影效果，给人带来丰富而细腻的审美感受。小巧装饰摆件突显活泼可爱的个性，选用橙色的花朵使视线聚集在餐桌之上的同时还有助于增进食欲。

大师软装实战课〉

在色彩丰富的餐厅空间中，餐桌热情浓烈的红色瞬间让居室变得鲜明个性，时尚感十足，是一种简洁而又省力的室内色彩处理手法。

美式风格

美式风格主要起源于 18 世纪各地拓荒者居住的房子，不同于欧式风格中的金色运用，美式风格更倾向于使用木质本身的单色调。大量的木质元素使美式风格的家居带给人们一种自由闲适的感觉。软装搭配上常用仿古艺术品，如被翻卷边的古旧书籍、动物的金属雕像等，搭配这些饰品可以呈现出深邃的文化艺术气息。

软装解析

美式乡村风格的摆场需要各种繁复的装饰物、摆件、绿植、小碎花布等，家具常用实木、布艺和皮革材质，灯具多用铁艺及裸露的灯泡。饰品风格不一，体现出随性自由的异域风情，例如该案中的地图装饰画，很好地诠释了这一点，并且色彩使用偏旧的复古调，与整体环境融洽。

大师软装实战课〉

为营造舒适、自然、随意的生活气息，美式风格中常用饰品有鹿角、树根、玻璃瓶、风扇、仿旧漆的家具等。

美式风格饰品元素

美式风格客厅常用一些有历史感的元素，这不仅反映在装修上对各种仿古墙地砖、石材的偏爱和对各种仿旧工艺的追求，同时也反映在软装摆件上对仿古艺术品的喜爱。与美式客厅家具完美搭配的艺术品的选用必须凸显其特有的文化气息，例如被翻卷边的古旧书籍、做旧的陶瓷花器、动物的金属雕像等。而一些复古做旧的实木相框、细麻材质抱枕、建筑图案的挂画等，都可以成为美式风格卧室中的主角。

软装解析

雅各宾风格的家具是美式乡村中常用的家具类型，椅腿与靠背为旋木工艺，方圆交错腿，座面低矮，座深较深，舒适度高，完全符合该风格常用的家具类型。本案中全部采用自然色，墙面使用暖黄色，桌旗和抱枕的图案与地毯相呼应，小碎花也是乡村风格中常见的装饰元素之一。滴水观音和雏菊的点缀，充满自然气息。

大师软装实战课〉

美式乡村风格的配色常使用大自然中的绿色、土黄色或褐色等自然色泽，切忌使用艳色。

软装解析

美式风格的家具一般体量感比较大，因此舒适度较好，木质摇椅也是该风格中常见的家具搭配，木质拼花地板使之更具有田园的自由气息。由于该风格尤其推崇对自然的追求，因此该空间的绿色彩绘墙面极为抢眼并点题。小碎花元素不仅可以运用在布艺上，也可以运用在手绘墙面上。

大师软装实战课〉

为了匹配美式风格，墙绘图案一般选择自然植物或者花鸟蝴蝶等二维图形，用色贴近自然，粉调适宜，不宜过于艳丽。

软装解析

该案中的这一套餐桌椅是典型安妮女王式桌椅变形，造型优美且舒适度高。家具尝试用松木、枫木，不用雕饰，保持木材原始的纹理和质感。天花采用木饰面拼贴，纹理与地板纹理相呼应，搭配铁艺吊灯，整体颜色以自然色为主，低沉稳重，创造出一种古朴的质感，展现原始粗犷的美式乡村风格。

大师软装实战课 〉

美式古典乡村风格带有浓郁的乡村气息，以享受为最高原则，在面料、座椅的皮质上，强调它的舒适度，感觉起来宽松柔软。

软装解析

该空间的软装搭配属于典型的美式乡村风格设计案例。小碎花图案的壁纸、地毯和靠包，木质家具和护墙板及天花，棉麻布艺的软包家具，铁艺吊灯，室内绿植和条纹帘头的窗帘搭配。该空间层高较高，斜屋顶更是延伸了整体空间高度，因此铁艺吊灯需下垂到合适的高度以方便照明。

大师软装实战课 〉

空间格局以壁炉为中心，采用中心对称式法则进行陈设，但并不一定刻板地使用对称一致的家具款式，其体量感相和谐就好，营造出浓郁的家庭家居的生活氛围。

软装解析

粉嫩系列的布艺家具在充足的自然光照明中显得更加安静和舒适，棉麻材质的地毯迎合了乡村风格的质朴。色彩整体偏浅色，灰白墙面百搭各种颜色。抱枕和沙发布艺相互穿插呼应，营造你中有我我中有你的视觉效果，使整体颜色搭配出和谐共生的感觉。场景中没有搭配实体植物，而是通过挂画图案进行弥补，精致巧妙。

大师软装实战课〉

整体空间颜色不宜过多，三种色调为宜，搭配黑白灰色系，创造舒适放松的田园生活环境。

美式风格布艺搭配

布艺是美式家居的主要元素，多以本色的棉麻材质为主，上面往往描绘色彩鲜艳、体形较大的花朵图案，看上去充满一种自然和原始的感觉。各种繁复的花卉植物、靓丽的异域风情等图案也很受欢迎，体现了一种舒适和随意。美式风格窗帘的材质一般运用本色的棉麻，以营造自然、温馨的气息，与其他原木家具搭配，装饰效果更为出色。适合美式风格窗帘的纹饰元素有雄鹰、麦穗、小碎花等。

软装解析

温莎椅在美式乡村风格中经常可以见到，和雅各宾式的家具一样都使用旋木工艺制作，做工精良，表面光滑，因手感好和实用性强的特点而备受人们喜爱。餐厅在摆设地毯时应注意，其尺寸要大于将椅子拉开后的围合范围，避免椅子拉出后一半在地毯内一半在地毯外而造成不平稳。

大师软装实战课〉

美式乡村中的装饰画常常搭配富有生活气息或自然风景的静物画，营造安静放松的生活氛围。

软装解析

宽大舒适的皮质沙发，堆满各种面料的抱枕，营造无比柔软舒适的氛围，将两个软包坐凳组合在一起充当茶几，随意摆放一个相框也别有一番风味。布面灯罩，以及棉毛地毯，是乡村风格中追求自然田园生活的基本体现。壁炉两侧的书架是摆场的重头戏，既要营造丰富的生活气息，又不能过于堆砌。一般情况下不能左右对称，但颜色可以相互呼应。吊扇灯也是美式乡村风格常见的搭配元素。

大师软装实战课〉

木质、风扇、皮革、实木，是美式乡村风格中出现频率最高的搭配元素。

软装解析

吧台与拱门结合的前期设计下，通过铁艺壁灯来营造气氛，使得吧台区域的灯光更加有层次。同时搭配精致的红色印花布艺吧椅，有别于传统全木结构吧椅，增添用餐情调。石英石的吧台更具实用性与美观性，既可作为两人简餐的台面，又可作为与餐厅互动时的小酌。

大师软装实战课 〉

很多美式风格的设计中都会有吧台区域的设置，这不仅是身份的象征，也是实用功能上的需要。

软装解析

在美式古典风格中，四柱床是非常有代表性的家具。它能够体现当时贵族的奢华品位，又展现精致秀气的柔美感觉。在卧室中加入这样的单品，能够把它与公共区域的气质区分开来，显得更加私密和宁静，选择黑色高光漆的表面处理，既能够和整体古典而华丽的风格相搭，也能体现出个性。

大师软装实战课 〉

在浅色的空间中可以搭配深色的四柱床，以突出床的造型与气势；在深色的空间中应尽量搭配相近色系的床，便于营造空间的整体感。

软装解析

该案中的四柱床是美式风格中常见的一种大体量的床体。实木床脚和床柱、圆滑的弧线、精致的雕花，精致典雅中隐藏着高贵华丽的艺术气息。匹配同样大体量感的梳妆台和五斗柜，化妆镜和装饰镜一般镶嵌在精致的镜框中，在细节中彰显着生活的情调。床品使用自然舒适的棉麻材质，饱满的床体给人提供了温馨舒适的睡眠环境。

大师软装实战课〉

美式乡村风格中就餐的桌椅比较矮，而床和柜体的尺寸都比较高。由于床体较高，注意床上用品的尺寸规格。

● 美式风格家具搭配

美式家具突出木质本身的特点，它的贴面一般采用复杂的薄片处理，使纹理本身成为一种装饰，可以在不同角度下产生不同的光感。这使美式家具比金光闪耀的意大利式家具更耐看。

美式风格的沙发可以是布艺的，也可以是皮质的，还可以两者结合，地道的美式皮质沙发往往会用到铆钉工艺，此外，四柱床、五斗柜也都是经常用到的。

软装解析

通常美式风格的家具和地面颜色较为深沉，如果空间不是特别大，容易产生压抑感。那么使用明亮的奶油黄色来使空间亮起来吧！奶油黄色能够衬托出卧室内温馨的气氛，精心选择的田园风窗帘与墙面颜色和谐搭配，再拼接一抹芥末绿，自然而清爽。

大师软装实战课 〉

自然、怀旧、散发着浓郁泥土芬芳的色彩是美式风格的典型特征，以暗棕色、土黄色、绿色、土褐色较为常见。

▷ 新中式风格

新中式风格是指将中国古典建筑元素提炼融合到现代人的生活和审美习惯中的一种装饰风格，让现代家居装饰更具有中国文化韵味。设计上采用现代的手法诠释中式风格，形式比较活泼，用色大胆，结构也不讲究中式风格的对称，家具更可以用除红木以外的更多的材质选择来混搭，字画可以选择抽象的装饰画，饰品也可以用东方元素的抽象概念作品。

软装解析

新中式的禅意风格给人一种静谧、平和、舒缓的感觉，新中式设计追求的是一种清新高雅的格调，注重文化积淀，讲究雅致意境。排列整齐的隔栅是禅意空间中最常见的设计元素，墙绘、背景一般使用水墨丹青的中国画，内容以建筑风景为主。与画中风景对应的空间植物，该空间的枯山水设计是一亮点，枯枝与鹅卵石，打造出有韵味的禅意之美。

大师软装实战课〉

新中式空间中不可避免地会出现茶席的陈设，精巧的茶具、茶盘、茶桌，搭配相应的茶席，一股浓浓的禅意扑面而来。

● 新中式风格饰品元素

除了传统的中式饰品，搭配现代风格的饰品或者富有其他民族神韵的饰品也会使新中式空间增加文化的对比。如以鸟笼、根雕等为主题的饰品，会给新中式家居融入大自然的想象，营造出休闲、雅致的古典韵味。

软装解析

巧妙运用异形空间使用圆床，除了木质家具整体空间氛围是温暖的黄色。与其他空间的色彩搭配相一致，床品使用白色为主，蓝色点缀的方式进行搭配，蓝色靠包和床旗，对应蓝色花瓶和立体墙饰，金色抱枕呼应整体空间的暖黄色，使主体物和整个空间相联系不突兀。

大师软装实战课〉

卧室空间的照明要考虑休息使用的便捷性，在小空间无处安放床头灯的情况下，氛围光就起到了举足轻重的作用。暗藏灯槽的床头和床尾，营造出卧室空间温馨适宜好眠的空间氛围。

软装解析

家具造型与空间主要设计元素相一致，营造出和谐统一的禅意氛围。整个空间以白色和木色相映，用现代的手法诠释传统的精神。搭配迎霜傲雪绽放的蜡梅花，让人仿佛都能闻到清香弥漫室内。同时也彰显了新中式风格中传神的设计高度。

大师软装实战课〉

藤编地毯是新中式风格中常用的一种元素，与木质家具的颜色一致，体现出中式风格中谦卑、含蓄、端庄的精神境界。

软装解析

本案中进行了一个端口的小场景陈设。充满现代意蕴的中式条案，摆放饰品，一般这里的饰品左右形状和内容不一，产生错落和对比的美感。墙面挂画，有射灯照明。营造一个小而精的空间氛围。

大师软装实战课〉

在中式园林设计中有一个手法叫作“尽端之处必造景”，这个手法也同样适用于中式的室内设计。

软装解析

餐厅家具的色调延用客厅中的蓝色，同色系不同色调，在不增加空间繁复性的情况下丰富色彩环境，且新古典家具的混搭，也是空间氛围更加活泼多样。红色挂画与黑白泼墨相映，提亮整个空间。

大师软装实战课〉

石材和木质的对比，可以创造出现代但不失传统意蕴的氛围，例如该空间的电视背景墙就很好地诠释了材质间的冲击效果，石材与木质隔栅的对比，现代与传统的交织。

软装解析

屏风是新中式家居环境中常见的一种装饰，既有阻隔视线挡风遮煞的作用，同时放在墙边也是很好的背景墙陈设。屏风一般成对出现，图案的各类和表现方式有很多种。

大师软装实战课〉

该案中以仿古绢为底，清秀素雅的工笔画，给整个空间都带来了雅致的氛围。床品素雅整洁，抱枕的花纹与床旗的花纹色泽相呼应，精巧的托盘，摆放一壶一杯一花，用现代的手法打造了传统典雅的清雅韵味。

● 新中式风格抱枕搭配

如果空间的中式元素比较多，抱枕最好选择简单、纯色的款式，通过色彩的挑选与搭配，突出中式韵味；当中式元素比较少时，可以赋予抱枕更多的中式元素，例如花鸟、窗格图案等。

软装解析

经典的空间环境必须要有经典的家具陈设。该案中的餐椅就是由汉斯·瓦格纳在 1949 年设计的“中国椅”。在木色环境的衬托下搭配几株清脆的花艺，还有明黄色的挂画，提亮了整体空间氛围。

大师软装实战课 〉

中国椅的设计灵感来源于中国圈椅，从外形上可以看出是明式圈椅的简化版，半圆形椅背与扶手相连，靠背板贴合人体背部曲线，腿足部分由四根管脚枨互相牵制，唯一明显的不同是下半部分，没有了中国圈椅的鼓腿彭牙、踏脚枨等部件，符合其一贯的简约自然风格。该椅被美国《室内设计》杂志评为“世界上最漂亮的椅子”。

软装解析

新中式卧室中，床头柜作为卧室家具中不可或缺的一部分，不仅方便放置日常物品，对整个卧室也有装饰的作用。选择床头柜时，风格要与卧室相统一，如柜体材质、颜色，抽屉拉手等细节，都是不能忽视的。

大师软装实战课 〉

床头柜通常搭配同风格的台灯，美观又实用，更可配以简单的花器和花束，丰富空间色彩，卧室看起来更加温馨、舒适。

软装解析

该空间采用对称式陈设设计，符合中国传统室内陈设习惯，考虑到空间的稳重性，这里的花瓶都适用大体量的陶瓷瓶，在木质格花背景的衬托下，使空间丰富起来。小的摆件常见的如该案中所示有陶罐瓷瓶、如意、绿植等。 新中式中的花艺一般采用中式或日式等充满禅意的花艺造型，避免西方饱满浓艳的花艺造型。

大师软装实战课 〉

南官帽椅是明式家具的代表作之一，以扶手和搭脑不出头而向下弯扣其直交的枨子为主要特征。

● 新中式风格家具搭配

新中式风格的家具可为古典家具，或现代家具与古典家具相结合。中国古典家具以明清家具为代表，在新中式风格家居中多以线条简练的明式家具为主，有时也会加入陶瓷鼓凳的装饰，实用的同时起到点睛作用。

软装解析

新中式的餐厅空间摆场也会融合西式餐桌的物品摆放，中西合璧更加能够营造热闹的用餐环境。中式插花艺术相较于西式花艺主要是为了突出意境，几枝枯枝一朵花，在素雅的瓷瓶中便能产生婀娜的姿态。装饰画的内容与素雅的中式环境相称。

大师软装实战课〉

鸟笼是常见的陈设品之一，但应注意，从传统习俗来说，在家居室内环境中，鸟笼不宜设空，里面放置一些花草或饰品为宜。

软装解析

暖暖的主色调给空间带来了温馨舒适的感受。围合的床头背景给主人带来了充分的安全感，上方利用圆形钉扣组成的律动图案以形达意，不同的心境会观看出不同的效果，就像禅宗公案所说的风亦未动、帆亦未动、仁者心动。花瓣元素的吊灯和床头造型的节点做到了形的呼应，使细节更加丰富。淡淡的水墨山水作为墙面背景，圆形的和氏壁点缀在前，形成了柔美的景色。

大师软装实战课〉

在软装的搭配中床品、床头柜以及台灯全部选择了白色主体，使其从背景色中跳脱出来并形成了体量感。为了增加整体画面的厚重美感，选用了灰色的地毯、床尾搭巾、抱枕，并按照头轻脚重的秩序比例布置，从而完善了画面配比。

软装解析

新中式书房的软装陈设主要考虑书桌及用品的摆放，书架中书籍和饰品的摆放问题。中式书桌上常用的摆件如上图中所示，有不可或缺的文房四宝，笔架、镇纸、书挡和中式风格的台灯。一盆素雅的白色蝴蝶兰，提升了空间的雅致情调。

大师软装实战课 〉

书架的摆场最难，当然若摆得好最出效果。一般一对书架的陈设采用对称但不一致的方法。左右架子上的书籍和饰品在数量、色彩和体量上相当，摆放时不宜完全对称，体现灵动的美感为宜。

▷ 新古典风格

新古典风格传承了古典风格的文化底蕴、历史美感及艺术气息，同时将繁复的家居装饰凝练得更为简洁精雅，将古典美注入简洁实用的现代设计中。新古典主义常用金粉描绘各个细节，运用艳丽大方的色彩，注重线条的搭配以及线条之间的比例关系，令人强烈地感受传统痕迹与浑厚的文化底蕴，但同时摒弃了过往古典主义复杂的肌理和装饰。

软装解析

古典风格中常见暗红色，而新古典风格中常见宝蓝色——一种尽显高贵气质和智慧的颜色，不仅如此，蓝色在色彩心理学中还具有舒缓神经，放松心情的作用，也因此越来越受到人们的喜爱。但过度的蓝色则会带来冰冷和抑郁的情绪，因此该空间中用温柔的布艺、灯芯绒等材质舒缓了这一色彩质感。

大师软装实战课〉

古典油画是该风格常见的装饰画，其画框的选择也极为重要。抱枕和桌旗的花纹一致，才有搭配呼应的效果。在暖光源和白色背景的衬托下，高贵典雅不做作。

● 新古典风格家具搭配

新古典风格家具摒弃了古典家具过于复杂的装饰，简化了线条。它虽有古典家具的曲线和曲面，但少了古典家具的雕花，又多用现代家具的直线条。新古典的家具类型主要有实木雕花、亮光烤漆、贴金箔或银箔、绒布面料等。

新古典主义的客厅沙发经常采用纯实木手工雕刻，意大利进口牛皮和用于固定的铜钉表现出强烈的手工质感，不仅继承了实木材料的古典美，真皮、金属等现代材质也被运用其中，改变了单一的木质材料。

软装解析

大空间适合运用大体量的家具和配饰进行空间装饰搭配，该案设计中就采用了八座圆餐桌，很好地均衡了空间的比例关系。新古典风格的家具常选择木制材质，装饰细节常选择带有金粉描绘的元素。该案设计中增加了软包座椅，搭配不规则形状的地板、大型水晶吊灯和花艺陈设，不仅提升了整体空间搭配的格调，同时也给较大的空间一些“满”和“温暖”的视错觉。

大师软装实战课 〉

不同的空间要匹配不同体量感的家具、配饰和灯饰等，点缀色的比重也要和主要空间色调相协调，红色等艳丽的色彩一般比重较低或者降低明度再进行使用。

软装解析

白色的窗幔显得清逸灵动，摇曳的红色鲜花又为房间增添了张扬之感。金色的梳妆台与画的颜色相呼应，给人一种高端大气之感。一幅画、一盆花甚至是一个靠包都有可能成为这个空间的点睛之笔。

大师软装实战课 〉

在软装布置中摆放合适的花艺，不仅可以在空间中起到抒发情感的效果，营造起居室良好的氛围，还能够体现居住者的审美情趣和艺术品位。

软装解析

该空间为新古典主义风格的起居室设计，所谓新古典就是对传统古典主义风格的改良和发展。传统古典主义中常常出现中式元素，号称没有中式元素就没有贵气。因此该空间中有使用中式圈椅，珐琅彩陶瓷瓶装饰，吊顶采用中式格窗的纹理，屏风也带有中式刺绣的工笔画腊梅图案，与古典家具搭配融洽和谐，金色窗帘搭配黄色花纹沙发，地毯也有黄色呼应，整体色彩搭配尽显高档奢华之感。

大师软装实战课〉

大空间可使用全包围式的大型块毯，围合全部家具，配合地面波打线，很好地划分出大空间中的子空间。

软装解析

本案设计以位于伦敦公园街的洲际酒店皇家套房作为参照，创作灵感来源于女王伊丽莎白二世，呈现了一个兼具规则、豪华与优雅格调的空间。随处安放的欧式风格摆件、挂画、墙面装饰镜经过色彩和线条处理后，与经典的拼花地毯相呼应，英式的优雅与精致在所有的细节上显得更加到位，气韵自然流转。

大师软装实战课〉

欧式的家具更显尊贵，而中式的装饰更有韵味，两者相融合更能彰显出设计的精致与品位。

软装解析

金色、黄色是欧式风格中常见的主色调，然而对中式也同样受用，少量白色糅合，使色彩看起来明亮。墙上带有中式纹样的装饰画运用展现了设计师的巧思。厚重的床头柜与纤细的支架看似格格不入，其实却是相辅相成的。

大师软装实战课 〉

金色虽然可以提升档次，但是如果使用过度就会变得俗气，所以设计时要把握好尺度。此外，在使用金色点缀时，地面的颜色一定要重，这样才能保持相对平衡。

软装解析

新古典风格家居的楼梯下方角落虽然不大，但也是体现风格和品位不可忽视的空间。可以选用别具风格的装饰柜进行美化，并搭配简单的摆件，如花器、图书等，装饰柜的风格同样要与整体空间相一致。

大师软装实战课 〉

一般楼梯下空间通常较小，选择的装饰柜也宜少量、精小、别致，以免显得空间逼仄拥挤。

软装解析

家具的摆放轻松而紧凑，两个长沙发相互对应但色彩各不相同，既严谨又活泼。普鲁士蓝的花瓶在空间里做了色彩补充，让蓝色沙发不显突兀，清爽的水蓝色元素在空间灵活跳跃着，一改古典风格安静沉稳的模样，整个空间也鲜活灵动起来。

大师软装实战课〉

相对型的摆放方式其实并不多见，它主要是利于主人和客人之间的交流，比较适合宾客较多、经常会有聚会的家庭。

● 新古典风格饰品元素

新古典风格的客厅中，可以选择烛台、金属动物摆件、水晶灯台或果盘、烟灰缸等饰品。新古典主义卧室的饰品在选择上可以多采用单一的材质肌理和装饰雕刻，尽量采用简单元素。如床头柜上的水晶台灯，造型复古的树脂材质的银铂金相框等；卧室梳妆台上可以摆放不锈钢材质的首饰架，加上华丽的珠宝耳环的点缀，和印度进口的首饰盒成为新古典风格的最佳配备。

软装解析

新古典风格的主要特点是“形散神聚”，该案设计很准确地表达了这一设计理念，整体空间设计中摒弃了传统古典中繁复的装饰，用简洁的线条表达也不失古典风格尊贵高雅的气质。新古典在色彩上多用金色、白色等色调，体现材质质感和风格精神。该案巧妙地将金色转化为暖调光源、金属吊灯、床品织物和实木地板，无处不在体现低调奢华的细节。冷色调的护墙板、地毯和抱枕与空间暖调氛围搭配得相得益彰，在古典风格家具的衬托下，空间兼具古典与现代的双重审美效果，体现了优雅而高贵的生活气质。

大师软装实战课〉

卧室软装搭配上主要靠床品、布艺、地毯等织物营造氛围，用暖光源烘托气氛。

● 新古典风格布艺搭配

色调淡雅、纹理丰富、质感舒适的纯麻、精棉、真丝、绒布等天然华贵面料都是新古典风格家居必然之选。新古典风格的窗帘面料常以纯棉、麻质等自然舒适的面料为主，颜色可以选择香槟银、浅咖色等，花形讲究韵律，弧线、螺旋形状的花形较常出现，同时在款式上应尽量考虑加双层，力求在线条的变化中充分展现古典与现代结合的精髓之美。

东南亚风格

东南亚风格的特点是色泽鲜艳、崇尚手工，自然温馨中不失热情华丽，通过细节和软装来演绎原始自然的热带风情。由于东南亚气候多闷热潮湿，所以在软装上要用夸张艳丽的色彩打破视觉上的沉闷。香艳浓烈的色彩被运用在布艺家具上，如床帏处的帐幕、窗台的纱幔等，在营造出华美绚丽的风格的同时，也增添了丝丝妩媚柔和的气息。

软装解析

该案属于东南亚风格中的巴厘岛风格，开敞通透，室内外景观植物相互渗透，属于日间风格。家具选用藤编家具，搭配具有编织元素的地毯，布艺选用接近大自然的棉麻系列，原色木纹背景墙、暖色光源氛围，映衬室内外的绿植，营造原汁原味的自然之美。

大师软装实战课〉

东南亚风格营造了一种浪漫奔放、与大自然零距离接触的海边度假风情，讲求室内外互相渗透的关系，其中大多以土黄色为主色调，白色为辅助色调。

● 东南亚风格家具搭配

泰国家具大都体积庞大，典雅古朴，极具异域风情。柚木制成的木雕家具是东南亚装饰风情中最为抢眼的部分。此外，东南亚装修风格具有浓郁的雨林自然风情，增加藤椅、竹椅一类的家具再合适不过了。

软装解析

该空间属于典型的东南亚风格中的泰式风格。壁炉背景墙的设计采用泰国佛塔建筑的圆尖顶造型，镶嵌金色装饰物。泰式家具多沿用传统的深色调，这里以褐红、金色、暗红色为主，搭配古典民族传统图案，展现异国热情奔放浓烈的民族风情。整体空间色彩丰富浓烈，因而白色壁炉让人眼前一亮，使整个热闹的空间有一丝静谧的气息。

大师软装实战课〉

一个盛产热带水果的民族对色彩有着与生俱来的热爱，因此泰式风格主要是对色彩的把握，以及典型泰式建筑造型和荷叶边等常见装饰元素的运用。

软装解析

该案中整面橘红色的墙面，带来了热带气候温热的阳光，蓝色挂画则中和了这一燥热的氛围。芭蕉叶是中式园林景观中常用的配植，雨打芭蕉更是营造出静心舒畅的意境。在这里借画传意，可有更多遐想。草帽亭造型的桌腿设计，符合东南亚情节。粗犷奔放的民族在餐具搭配上适合使用陶器。

大师软装实战课〉

地处热带雨林气候和热带季风气候的东南亚国家，在常年火热阳光的照射下，使其整个民族热情且奔放。艳丽的暖色调是体现这一民族风格特征的要素。

软装解析

具有藤编元素的电视柜与藤编沙发相呼应，棉麻布艺背景墙与靠包相搭配，草绿色的窗帘点缀简单的卷草纹图案连接室内外空间的过渡氛围。仿古地砖斜铺，营造自然随性之美。大量室内植物做配景，是营造东南亚风格的首选要素。

大师软装实战课〉

东南亚风格在灯具的选择上很少用主灯，主灯一般起点缀作用，主要以点光源和反照灯为主，烘托氛围，增加神秘感。

软装解析

床头背景与客厅的沙发背景相一致，整体空间氛围协调。裸露清晰的木质纹理，搭配室内摆放的绿植，以及有自然元素图案的浅色地毯，原木墩茶几，搭配暖色光源烘托出热情温暖的气氛，营造一种来自热带雨林的自然之美。

大师软装实战课〉

东南亚风格多广泛运用木材和其他原始材料，适宜摆放绿植，饰品常选用木雕、瓷雕、油画等。

软装解析

泰式风情的餐厅陈设设计主要靠饰品就能营造出别具风味的格调。本案中大量运用金色或金属色泽的装饰品，餐边柜和装饰镜都使用古典民族风格的花纹图样精细装饰，餐桌饰品搭配艳丽，在湖蓝色的衬托下更能突显金色的华贵。由于该空间层高较高，正中的装饰镜和下垂的金属吊灯拉近两层的距离，并搭配高大体量感的凤尾竹，使整体空间丰富饱满不空洞。

大师软装实战课 〉

金色代表黄金，使财富和高贵身份的象征，因此泰式风格里常给人金碧辉煌的感觉，加之鲜艳的颜色，镂空的门窗，柳藤的椅子，打造极具民族气息的异国风情。

● 东南亚风格饰品元素

东南亚风格饰品的形状和图案多和宗教、神话相关。芭蕉叶、大象、菩提树、佛手等是饰品的主要图案。此外，东南亚的国家信奉神佛，所以在饰品里面也能体现这一点，一般在东南亚风格的家居里面多少会看到一些造型奇特的神、佛等金属或木雕的饰品。

FURNISHING

DESIGN

PART

中式印象 · 华丽印象 · 简约印象 · 时尚印象 · 复古印象 · 乡村印象 · 清新印象

色彩在不同风格印象中的

实战应用

▷ 中式印象配色

传统东方风格以黑、青、红、紫、金、蓝等明度高的色彩为主，其中寓意吉祥，雍容优雅的红色更具有代表性。新中式风格的色彩定位早已不仅仅是原木色、红色、黑色等传统中式风格的家居色调，其用色的范围非常广泛，不仅有浓艳的红色、绿色，还有水墨画般的淡色，甚至还有浓淡之间的中间色，恰到好处地起到调和的作用。

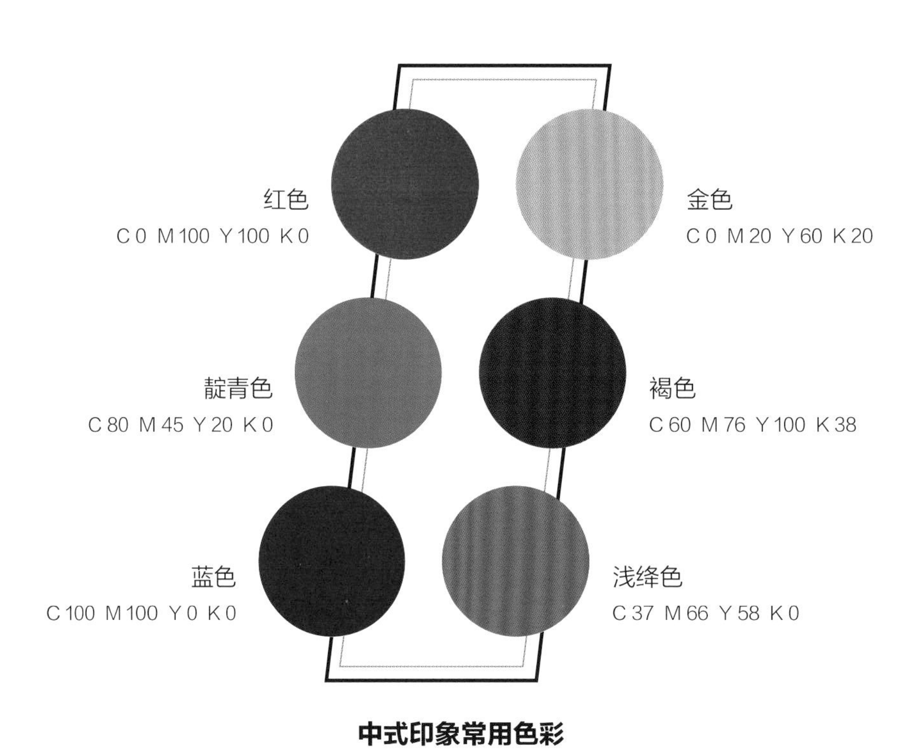

中式印象常用色彩

色彩主题 & 色彩组成

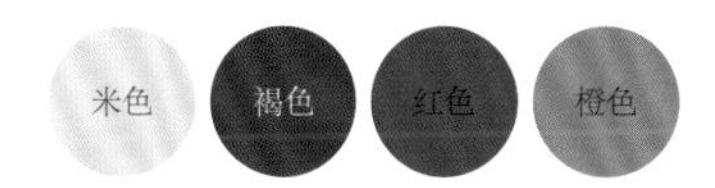

西山的日出 喷薄欲出的意境与姿态

背景色：白色、黑色、浅灰色

主体色：米色、褐色　　　点缀色：红色、橙色

大师色彩解析课

山峦多秀色，空水共氤氲。本方案的空间背景色以冷色调为主，白色、浅灰、黑色，配色如同置身薄雾中连绵起伏的山间，置身一片幽静写意之中。主体色则加入了米色和咖色系的暖色调，为人居空间带来温暖之感。餐边柜上红色的装饰画，是空间中的点睛之笔，锁定人的视点，有着太阳初升时喷薄欲出、霞光漫天的姿态。

色彩主题 & 色彩组成

素净雅致的气质美

背景色：白色、原木色

主体色 & 点缀色：淡褐色、黑色、灰色

大师色彩解析课

有气质的浅色大面积使用在空间里的各个区域，非但没有觉得腻味或寡淡，仔细研究里面的内容反而会感到很精彩。此空间用色讲究平衡搭配，运用低彩度的色彩和材质的肌理传递空间的美感，在以墙面白色、地面原木色为主的空间背景色里，加入黑色以平衡白色，加入淡褐色与地面色彩相呼应，在素致的基调下，用光、用质地轻薄而又有密度的面料、用不同材质在空间中所呈现出来的细微色彩变化，使空间变得灵动。

色彩主题 & 色彩组成

娉娉袅袅十三余 豆蔻梢头二月初

背景色：米白色、原木色

主体色：玫瑰色、天蓝色 点缀色：紫红色、黄色、深褐色

大师色彩解析课

豆蔻年华，姿态美好，举止轻盈。明快浪漫的色彩最能体现少女情怀。此空间中背景色选用米白色，主体色运用玫瑰色和天蓝色这组冷暖色做对比，点缀色运用紫红色和黄色，扩大了暖色系在空间中的使用面积，映衬出天蓝色的轻盈之感，深褐色起到了平衡空间色彩的作用。当青春洋溢的天蓝色邂逅娇艳柔美的玫瑰色，空间就会焕发无限活力。

色彩主题 & 色彩组成

贯穿整个人类历史的黑与白

背景色：米白色、黑色、大地色

主体色 & 点缀色：米白色、黑色

大师色彩解析课

人类在长期的自然环境中，日出而耕，日落而息，黑白两色的变化，构成了人类视觉的基础。在绘画作品中，黑色白色两种颜色混合或者相互作用后会产生意想不到的艺术效果。在空间作品中，极致地使用黑白两种颜色，同样能产生另类的视觉美感，充满着理性的质感。本方案中运用的大面积白色为米白色，偏暖的米白色系结合灯光的作用，家的感觉低调且卓尔不群。

色彩主题 & 色彩组成

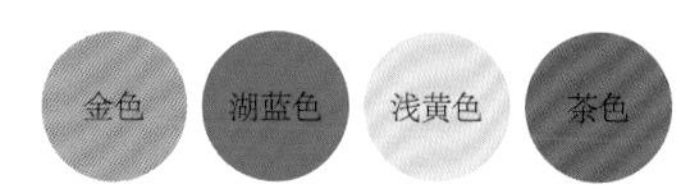

传统与现代混搭的开放度和亲和力

背景色：淡褐色

主体色：白色、金色、湖蓝色　　点缀色：浅黄色、茶色

大师色彩解析课

混搭空间是现代人接受度比较高的装饰风格，用当代的设计手法营造传统的文化氛围，传统的色彩和图案搭配现代的造型和材质，融合出庄重与优雅的双重气质，本方案正是如此。在淡褐色的背景色下，金色的花鸟屏风与淡黄色的陶瓷小凳描绘着传统的美好图样，湖蓝色的地毯和装饰枕有洒脱闲适之意，有开放度，有亲和力，有愉悦和轻松。

色彩主题 & 色彩组成

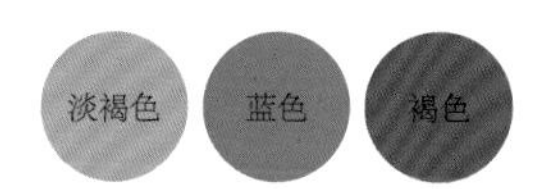

黛蓝的远山 清冽而又秀丽

背景色：淡褐色

主体色 & 点缀色：白色、蓝色、褐色

大师色彩解析课

用协调色作为底色，用对比色蓝色来提亮，在打造局部空间时，这种配合手法常规且不会出错。淡褐色作为大面积的背景色，与床品的色彩、床柱的色彩相协调，蓝色从上至下贯穿其中。肌理图案在这个空间中起到了灵动的作用，墙纸的肌理和床品抱枕的肌理图案，传递着空间写意的气质，与装饰画的内容相吻合，写意新中式，给人清冽而又秀丽的感觉。

色彩主题 & 色彩组成

沏一壶茶 温热对家的牵挂

背景色：淡褐色、茶褐色

主体色 & 点缀色：米白色、茶绿色、黑色

大师色彩解析课

想象你在沏一壶茶，烫壶、置茶、温杯、高冲、低泡、分茶、敬茶、闻香、品茶，茶香四溢，唇齿留香。想留下这一刻美好恬静的回忆，于是有了这样的家。淡褐色与茶褐色构成了空间中大面积的背景色，同色系的米白色和米色用在主体家具和窗帘上，地毯中和了空间里的暖色系，并加入相邻的茶绿色，黑色则有庄重高雅之感，空间配色在相邻色系中过渡，带来轻松舒适的感觉，在这里仿佛隐隐能闻到茶香。

色彩主题 & 色彩组成

雨过天青云破处 这般颜色做将来

背景色：白色、淡褐色、原木色

主体色：淡紫色、咖啡色、灰蓝色　　点缀色：紫红色、金色

大师色彩解析课

配色宁静雅致的新中式空间，背景色是暖色调，主体色运用偏冷色调的淡紫色和蓝灰色勾勒出新中式风格中写意的气质。“雨过天青云破处，这般颜色做将来”，形容的是瓷器的色彩外貌，瓷器之美，在于美如玉，空间之美，则美如诗、美如歌。

色彩主题 & 色彩组成

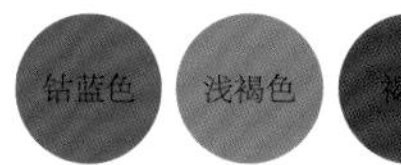
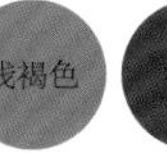
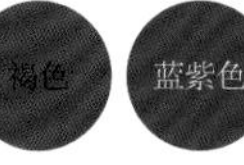

有格调的中国风

背景色：米色、褐色

主体色：钴蓝色、浅褐色、褐色　　点缀色：蓝紫色、金色、深红色

大师色彩解析课

轻奢华系列的东方风格，用当代的手法表现传统的气质。这是一个挑高的客厅空间，背景色以暖色调为主，运用石材和硬包体现空间的品质感，主体色在家具上，用了蓝色与橙色这组对比色搭配，写意图案的地毯在空间大面积铺陈开，融合了空间中的全部用色，金色与深红色点缀于空间中，结合大气的落地窗帘，空间有着庄严的仪式感和写意的中国风。

▷ 华丽印象配色

传递华丽印象的配色应以暖色系的色彩为中心，以接近纯色的浓重色调为主。虽然都是浓郁的色调，但华丽感所需要的暖色是纯粹的，而复古韵味需要的是暗色调。想要表现具有喜悦感的华丽氛围，以红、橙色系的暖色为配色中心即可，而以紫红、紫色为主的配色，具有妩媚的华丽感，若加以金色，则会显得奢华，加上黑色，则会显得神秘。

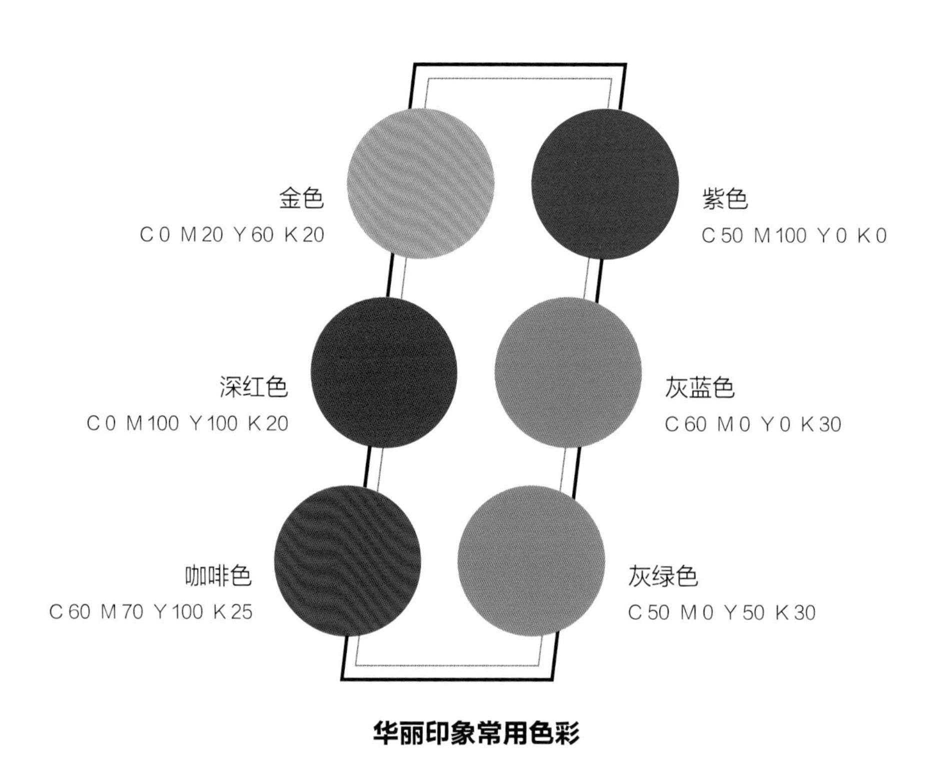

华丽印象常用色彩

色彩主题 & 色彩组成

米白色

玫瑰人生

背景色：白色、金色、灰色

主体色 & 点缀色：白色、米白色、玫瑰色

提起玫瑰色，人们第一时间联想到的通常都是温柔可人的女性形象，女人如花，天生骨子里都有着浪漫的情怀。在现代都市中，传统的欧式风格已经渐渐在化繁为简，过去风靡欧洲的极具女性气质的洛可可风格也已不再盛行。但我们依然可以运用色彩来重温欧式的浪漫，此空间的背景色运用大面积白色加上金色的线条，主体家具的色彩与背景色协调统一，大胆尝试在地毯和抱枕上使用玫红色，地毯的面积比例大，抱枕色彩与之呼应，玫红色带来的浪漫感觉因此填满了人的感官。

色彩主题 & 色彩组成

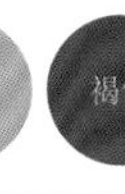

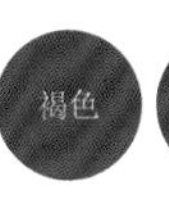

降低彩度后的红与绿

背景色：米色、金色、褐色

主体色：红色

点缀色：绿色

大师色彩解析课

使用于正式场合的空间布置和配色，通常非常具有仪式感，红配绿是一组相当高频的色彩搭配，最常见的时候是圣诞节，圣诞节的红绿搭配，明度通常比较高，有着青春活跃的气氛。当红色和绿色同时降低了明度，且两色的用色比例分配合理时，则有了古典和考究的凝练之感，运用在需要有十足仪式感的正式场合非常合适。此空间中，背景色的米色、褐色和金色组合，已具备尊贵感，主体色红色，面积大过点缀色绿色，且都降低了明度，与金色的尊贵气质完美结合。

色彩主题 & 色彩组成

光荣与辉煌

背景色：褐色、白色

主体色：黄色、咖啡色　　点缀色：金色、青灰色

大师色彩解析课

这个空间乍一看全部都是金色，细细琢磨就能看出其中不一样的细节。金色属于黄色系，与许多颜色都能融合。背景的褐色、地毯上和装饰画中的青灰色，皆与黄色系属于相邻色系，背景色明度低，相比之下主体色的明度高，深浅颜色形成了前进和后退的空间关系，点缀色金色运用在家具传统的雕花造型上、地毯图案上和装饰画画框上，古典的造型、图案纹样以及代表权力的金色，三者结合，相得益彰，就连茶几上的人物小雕像，一定都是某个知名的历史人物，有着不可小觑的权力。

色彩主题 & 色彩组成

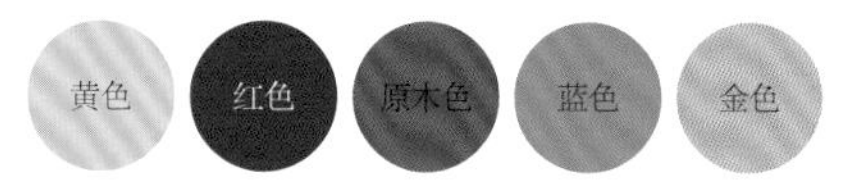

七彩星期

背景色：黄色、褐色、灰色

主体色：红色、原木色　　点缀色：蓝色、金色

大师色彩解析课

七彩星期是柬埔寨生活习俗，柬埔寨人有个古老而美好的穿戴习惯，他们喜欢用五彩缤纷的服饰色彩来表示一星期中的每一天。此空间的配合方案用色的丰富程度可与“七彩星期”的颜色相媲美，颜色丰富，也极其有规律。黄色与褐色、灰色为背景色，红色和原木色为主体色，蓝色是最亮眼的点缀色，上下对称、左右对称、前后对称，整个空间以暖色调为主，色彩关系相互呼应。黄色占大面积，黄色不似金色般华丽，但有着东南亚风格的自然丰盈，给人更亲近自然、亲近传统色彩的感受。

色彩主题 & 色彩组成

金色搭配紫色的浪漫主义

背景色：白色、金色
主体色 & 点缀色：藕褐色、紫色、褐色

大师色彩解析课

如果想打造一个浪漫的空间，紫色通常会是设计师们的首选。本案的紫色是稍显硬朗的紫，不如明度高的紫色那样优雅或秀气,但却有着成熟、古典的味道。正因为如此，紫色的床品和地毯，与金色的墙面软包和窗帘搭配运用，有了惊艳的效果。金色作为空间中的背景色,紫色作为主体色,这样的搭配唯美浪漫且又雍容华贵，二者相互协调呼应。

色彩主题 & 色彩组成

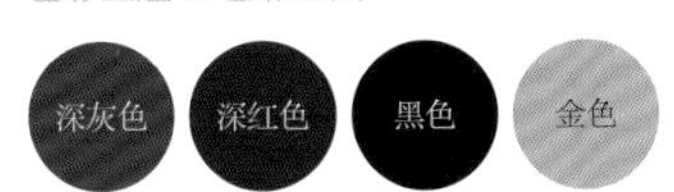

烘托氛围的华丽色彩

背景色：深灰色、白色、金色
主体色 & 点缀色：深红色、黑色、金色

大师色彩解析课

红与黑的结合有一种力动之美，搭配金色则增添了奢侈、豪华的感觉。这样的色彩搭配适用于打造华丽精致的舞台效果，若用在室内空间，则适用于面积较大的居室中的公共区域，起到艺术装饰性的作用。此空间中，主体色红色的面积小于背景色中面积最大的深灰色，因此深灰色和黑色起到了稀释红色带来的刺激度的作用，金色让华丽之感得以升华，红色、金色搭配深灰色或黑色带来的豪华感，是强有力的、稳定的。

▷ 简约印象配色

现代简约风格在色彩选择上比较广泛，只要遵循以清爽为原则，颜色和图案与居室本身以及居住者的情况相呼应即可。黄色、橙色、白色、黑色、红色等高饱和度的色彩都是现代简约风格中较为常用的几种色调。黑灰白色调在现代简约的设计风格中被作为主要色调广泛运用，让室内空间不会显得狭小，反而有一种鲜明且富有个性的感觉。

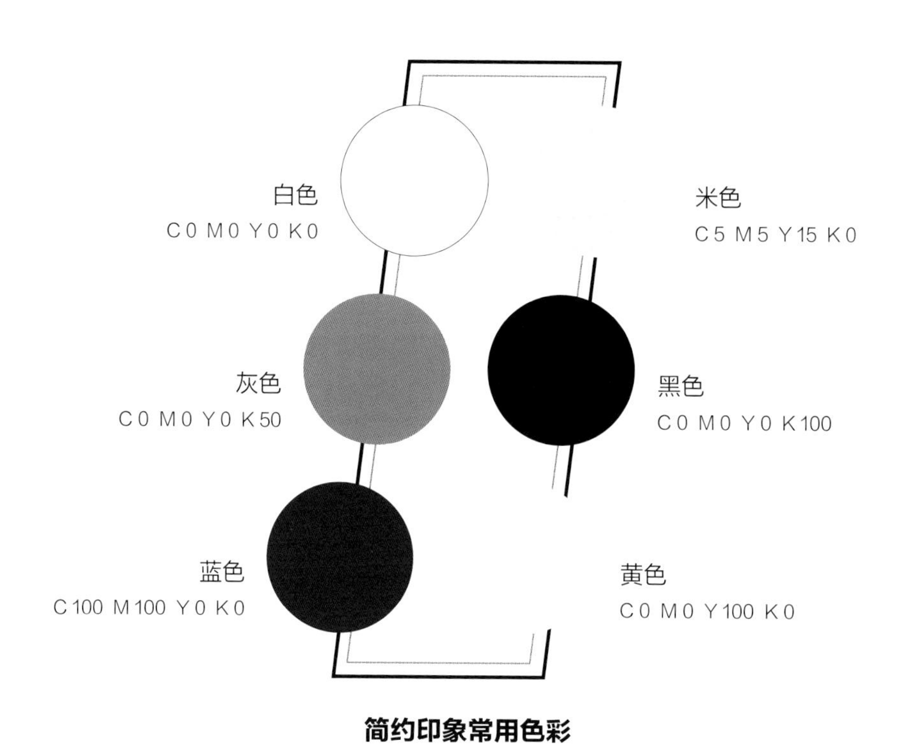

简约印象常用色彩

色彩主题 & 色彩组成

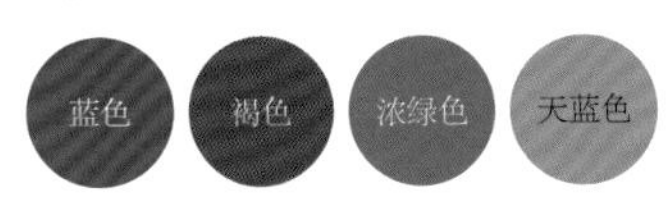

从自然界里长出来的颜色

背景色：白色、原木色、淡褐色
主体色：白色、蓝色、褐色
点缀色：浓绿色、天蓝色

大师色彩解析课

春日的早晨从房间醒来走到客厅，容易被客厅的色彩点亮一天的好心情。开放通透的采光让自然的光线隔着薄纱从落地玻璃窗洒进客厅，墙面大面积的背景色采用原木色，温暖的色彩和质朴的木质有着春天泥土的气息，白色的转角主沙发和蓝色的条纹地毯，适合在上面慵懒一躺，白色上升，蓝色下沉，浓绿色的单人沙发色彩明媚而不夸张，用色平衡稳定。本空间色彩搭配源自自然取自自然，是一个带有春天般温度的现代风格空间。

色彩主题 & 色彩组成

蓝色至上 充满生气

背景色：白色、湖蓝色
主体色：白色、钴蓝色
点缀色：红色、橙色、黄色

大师色彩解析课

至上主义是现代主义艺术流派之一，二十世纪初俄罗斯抽象绘画的主要流派，强调情感抽象的至高无上的理性，将早期立体民族风情中的民族意象风格抽离，只依靠几何形状进行创作。在这个以大面积湖蓝色为背景色的空间中，主体的家具床延续了背景墙面的用色，让白色和蓝色在空间中铺展开，运用跳跃的色彩和造型分明的几何图形，为空间增添动感活泼的气氛。墙面的装饰画，平面的彩色方块组合搭配，形成视觉的中心点，画面中红色的色温高于湖蓝色墙面的色温，当人的视点集中在画面中心的红色，蓝色的墙面则给人后退之感，小面积的红色平衡了空间中大面积的蓝，形成一种有秩序的美感。

大师色彩解析课

灰色是无彩色，即没有色相和纯度，只有明度，介于黑色和白色之间。灰色比黑色多了些灵动的雅致，比白色多了分沉静的内敛。灰色独有的内涵和气质给空间赋予一种特别的格调和美感，并且经得起时间的洗礼。被灰色覆盖的这个空间，主体沙发和地毯的灰色面积都比较大，但皆属于偏暖灰色调，与黑色木作的家具结合，空间不致太冷。精致的天文望远镜、茶几上银色的艺术摆件提升了空间的质感，一本烟棕色的书籍是空间中的那一抹蜜，质感和温度是相互交融的。

色彩主题 & 色彩组成

硬朗精致的细节

背景色 & 主体色：浅灰色、灰色、黑色

点缀色：白色、银色、烟棕色

大师色彩解析课

在色彩搭配平稳优雅的空间中，一抹跳跃鲜亮的颜色最能活跃空间的氛围，富于装饰性的色彩点缀，会因为面积比例大小的不同，延伸出不同感觉的艺术效果。此空间中的背景色是浅米色调，主体色和背景色皆是同色系，运用金色作为点缀色，提升空间的品质，装饰画的跳色聚焦于整个客厅的视中心——壁炉上方，画面的色彩以暖色为主冷色辅助，融合于空间且点睛于空间，茶几上的跳舞女孩艺术摆件，更是将点缀色所呈现的气质表达得淋漓尽致。

色彩主题 & 色彩组成

色块碰撞和材质对比

背景色：米白色

主体色：淡褐色、黑色

点缀色：金色、红色

色彩主题 & 色彩组成

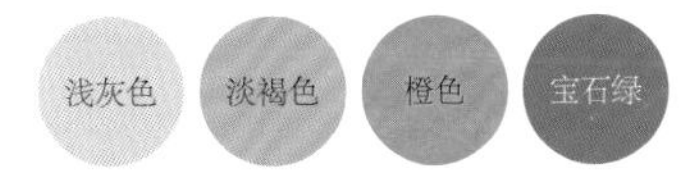

心情愉悦 悠然自得

背景色：白色、浅灰色、深灰色

主体色：淡褐色、浅灰色、橙色　　点缀色：宝石绿

大师色彩解析课

有时候一幅艺术画可以带来整个空间设计思路的线索。有小狗的房子是什么模样？动物的淘气活泼和明快的色彩一样，能给风格简洁时尚的现代风格空间带来轻松快乐的感觉。此空间中的背景色运用有气质的灰色调，壁柜则运用淡褐色与墙面的灰色形成冷暖的变化。暖色系小狗图案的艺术画是整个空间的主题气质表达，也许是先有了画才有了这样家具的选择，靠背上的动物皮毛纹样的面料和座面采用的橙色面料，与墙面和壁柜一样，同样是冷暖色结合，形成对比，又互相平衡，因为一幅画延展出来的空间气质，在这个空间里实现了很好的效果。

色彩主题 & 色彩组成

时尚有趣 灵感源泉

背景色：白色、淡褐色、原木色

主体色：白色、黑色　　点缀色：墨绿色

大师色彩解析课

黑白灰用色分明的高长调居室空间，通常给人过于冷清的感觉。然而通过细微的变化就可以打破那样的情况，背景色的灰，是接近灰色的淡褐色，属暖色系的淡褐色大面积运用，结合原木色的地板，大大削弱了空间的冰冷感。主体家具运用黑白经典色，造型时尚有趣，风格大胆新颖，具有绅士般气质的墨绿色点缀于空间中，这是一个摩登有趣的家。

色彩主题 & 色彩组成

优雅舒缓的中性色

背景色：灰色、白色、褐色
主体色 & 点缀色：烟灰色、米灰色、银色

大师色彩解析课

灰色是中性色彩的代表色，是个神奇的颜色，与任何色彩都能搭配。灰色用于卧室，气质宁静优雅。此空间中的背景色和主体色都是灰色调，米灰色运用在窗帘和抱枕上，作为灰色的中和剂，让原本无趣的中性色变得丰富有趣。在低彩度的空间运用冷暖的颜色差异制造对比和层次。图案的运用进一步丰富了这个舒缓柔和空间。

色彩主题 & 色彩组成

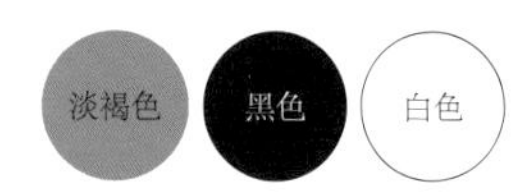

断舍离

背景色：白色、黑色、淡褐色
主体色 & 点缀色：黑色、白色

大师色彩解析课

黑白是最经典的对比色系，仅用黑白两色装饰空间，就能给空间带来时尚摩登的气质。此方案中，黑白两色贯串空间运用，白色为主，黑色为辅，主次分明，黑白分明，小狗雕塑让空间更具艺术气质。空间没有多余的内容，每一件物品都有其存在的功能性和装饰性。这个配色方式适用于现代风格的极简空间，与现在流行崇尚的“断舍离”所表达的生活理念一样，清空环境、清空杂念，过简单清爽的生活，享受自由舒适的人生。

色彩主题 & 色彩组成

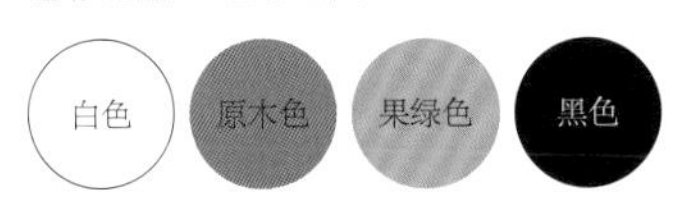

彩色方块

背景色：白色、果绿色、灰色

主体色：白色、黑色　　点缀色：多彩色系

简洁、实用的现代风格空间里，黑白灰是主体色系，但如果加入了彩色系，空间立刻就会变得生动起来。此方案中，用果绿色作为背景色，用丰富的彩色作为空间的点缀色，点缀色与背景色为相邻色相，刺激度都不高，通过多彩的点缀色，给空间增添了一抹轻松自然的气息。

▷ 时尚印象配色

时尚风格的色彩常常运用大胆创新，追求强烈的反差效果或浓重艳丽或黑白对比。如果空间运用黑、灰等较暗沉的色系，那最好搭配白、红、黄等相对较亮的色彩，而且一定要注意搭配比例，亮色只是作为点缀提亮整个居室空间，不宜过多或过于张扬，否则将会适得其反。

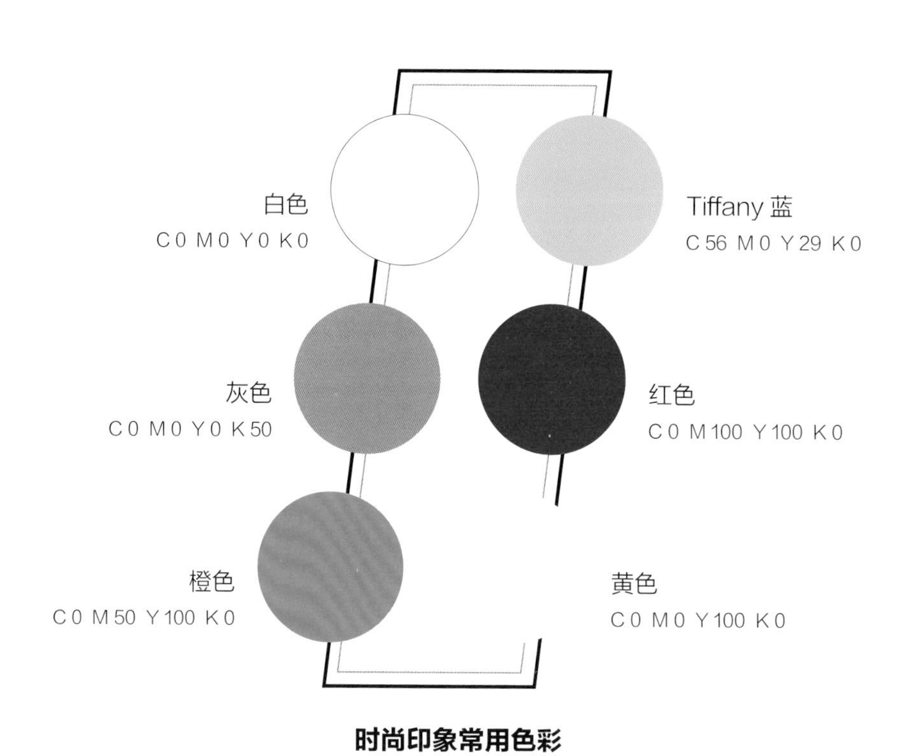

时尚印象常用色彩

色彩主题 & 色彩组成

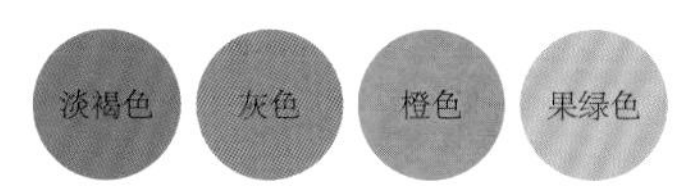

秋日私语 花朵的温暖和果实的芳香

背景色：白色、淡褐色

主体色 & 点缀色：灰色、橙色、果绿色

大师色彩解析课

协调色作为背景色，用饱和度高的跳跃色彩来提亮空间，这样的配色可行性很高。本方案中，背景色的墙面和地面运用协调的暖灰色系，用冷灰色的主体沙发拉开与背景色的色彩层次，果绿色和橙黄色的单人沙发继续沿用暖色调，饱和度比背景色高，造型极具趣味性，从空间背景色中的跳出来，活跃了空间的气氛，马毛地毯增添时尚感。此配色方案有着秋天的季节之美。

色彩主题 & 色彩组成

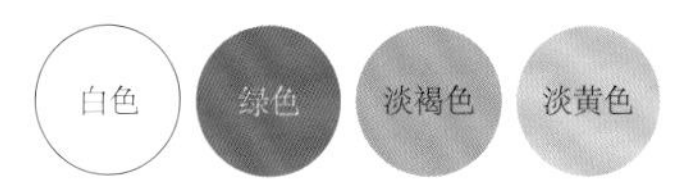

森林精灵

背景色：白色、绿色、淡褐色
主体色 & 点缀色：白色、淡黄色

大师色彩解析课

绿色作为背景色的空间，有着大自然的气息，绿色代表着健康和希望。此空间的配色中，空间气质主要由背景色——绿色表现，主体家具的颜色选用皆为无彩色系白色和透明色，与地面色彩几乎融为一体，黄色装饰画的前进感，给了绿色背景墙后退之意，但因为面积比例小于绿色，所以并不妨碍绿色在空间中起到的主导性作用。地面的淡褐色系属于大地色，亚克力材质的餐椅和玻璃材质的吊灯若影若现，它们像在森林中玩耍的精灵。

色彩主题 & 色彩组成

格调与雅致 万千女性梦想中的蓝

背景色 & 主体色：白色、灰色
点缀色：Tiffany 蓝、浅米色

大师色彩解析课

精致中性的配色方案，空间的背景色和主体色都是在白色和灰色中变化，灰色有格调、现代、空灵，以它为底色，能衬托出 Tiffany 蓝的优雅气质，蓝色墙面格外醒目，花艺和烛光的暖色增添温暖和浪漫的氛围，此空间的色彩搭配和材质运用具备都市气质，容易受部分女性的喜爱。

色彩主题 & 色彩组成

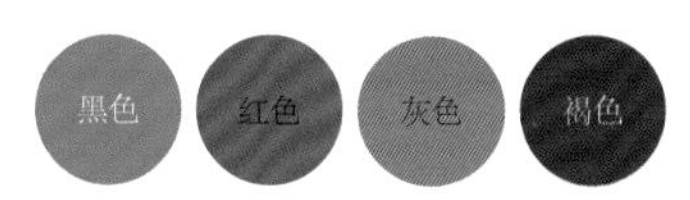

喧哗和沉寂 激进和保守

背景色：黑色

主体色：红色、灰色　　点缀色：褐色、白色

大师色彩解析课

红与黑容易让人产生喧哗和沉寂、激进和保守的感觉，它们虽然极端对立，却又有着共性，将矛盾的色彩用色在空间中，是少有的搭配，也是经典的搭配。此空间中的用色是以黑色为主，红色为辅，背景色的大面积黑色和主体家具的黑色、地毯的灰色皆为无彩色系，茶几和装饰画，也是黑白色调的无彩色系，在这其中加入红色，运用在单人沙发、抱枕和窗帘上，给这个原本只有黑白灰的空间带来了张扬的气质，黑色的使用比红色集中，面积比红色大，能抑制红色的刺激，空间独具格调。

色彩主题 & 色彩组成

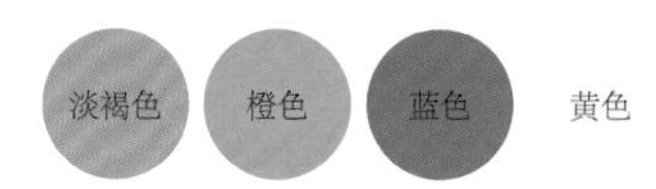

布拉格日落

背景色：淡褐色

主体色：白色、橙色　　点缀色：蓝色、黄色

大师色彩解析课

这是一个配色稳健、时尚的空间，背景色淡褐色与抱枕和床头柜同属橙色系，背景色饱和度低适用于墙面，抱枕色饱和度略高，与背景色有了前后空间关系，床头柜饱和度最高，对称放置于床两边位置的下方，有平衡之感。白色床和灰色台灯在其中，橙色系的三层色彩有了有序的章法，蓝色增加了空间的开放度，空间因此变得更有活力。黑白装饰画在讲述这里的故事。此色彩搭配方式可举一反三运用其他互补色搭配，效果同样会很好，实用性很高。

色彩主题 & 色彩组成

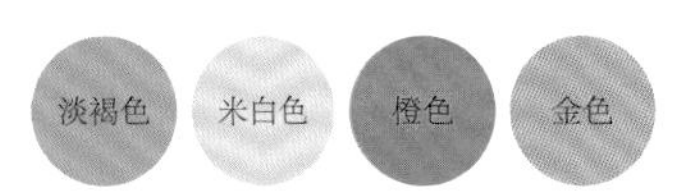

加州阳光

背景色：淡褐色、褐色　　主体色 & 点缀色：米白色、橙色、金色

大师色彩解析课

橙色是仅次于红色之后的第二位能量色，代表阳光、温暖、欢乐、兴奋。此空间中的用色，都属于暖色系且同属于橙色家族，色调不同，分工不同。背景色墙面的淡褐色和地面的褐色，属于弱调的橙色和暗调的橙色，刺激度最低，适用于作为大面积背景色；主体沙发的米白色，属于淡调的橙色，适用于提亮空间；茶几、地毯和抱枕的橙色是锐调的橙色，在空间中起到装饰强调的作用；装饰画的橙色和边几、台灯的金色是明调的橙色，起到点睛和增加精致度的作用。这是一个用相似色搭配得和谐统一又丰富的空间。

色彩主题 & 色彩组成

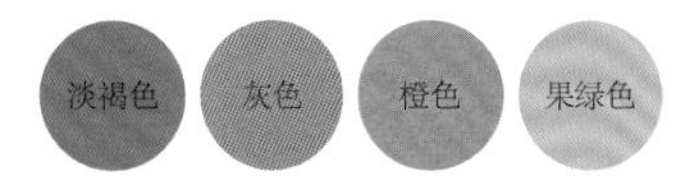

难忘的青春与激情

背景色 & 主体色：白色、蓝色、原木色
点缀色：红色、普蓝色、黄色

大师色彩解析课

朝气蓬勃的运动会，有着青春的活力、热情的呐喊，各国国旗在阳光下闪耀着跳跃的色彩。饱和度高的色彩有着跃动的节奏感，本空间的色彩搭配即是如此。背景色蓝色奠定了空间时尚清冽的用色基调，主体色家具和地毯延展开也运用蓝色。白色边框普蓝色面料的床，将背景色与床品的颜色拉开，红色在其中与蓝色的明度一致，在以蓝色为主调的空间，红色的加入，能给空间注入热情，带来动感和活力。

色彩主题 & 色彩组成

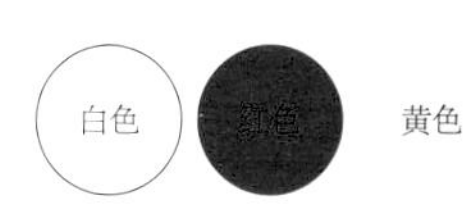

跃动的青春 活力四射

背景色 & 主体色 & 点缀色：
白色、红色、黄色

大师色彩解析课

此空间配色方式极其纯粹，用色大胆张扬，简洁明了，背景色的红色刺激度高，张扬热情，地面黄色的刺激度虽不如红色，但依然有力动活跃的感觉，这两个颜色使用面积过大的话，都容易给人造成视觉上的膨胀感，因此，白色在其中运用尤为重要，白色对颜色的刺激度起到了穿透稀释平和的作用，所以通常用色简单粗暴刺激度过高的空间，更应该注意巧用黑白灰三色来让空间平衡，美出章法和秩序。

▷ 复古印象配色

在复古风潮愈加风靡的今天，以怀旧物件和古朴装饰为主要布置方式的复古风也悄然流行于家装界。复古风格家居巧妙利用复古家具与内敛装饰风格的交相呼应，呈现出具有时间积淀感的怀旧韵味，让人百看不厌。复古色不是单指一种颜色，而是指一个色调，看起来比较怀旧，比较古朴。很多颜色都可以表现出复古的味道，如白色、米色、金黄色、棕黄色、木纹色等。

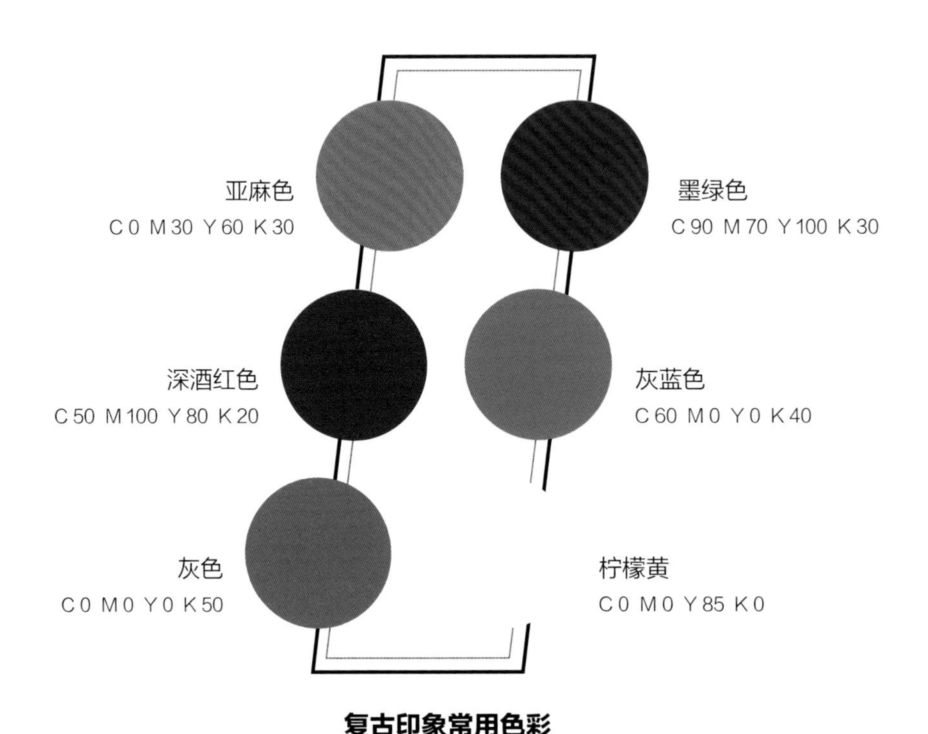

复古印象常用色彩

色彩主题 & 色彩组成

绅士品格

背景色：黑色、浅灰色

主体色：普鲁士蓝　　点缀色：金色、褐色

大师色彩解析课

使用黑色作为背景色的空间，有着寻常住宅空间不具备的抽象表现力，黑色天生的深沉感，不含浮躁元素，经久耐用。空间中主体色运用普鲁士蓝，普鲁士蓝属于蓝色中的最暗调，没有黑色的极致，却更具风格和时髦感，点缀色金色以及图中左后方的装饰柜同为暖色系，平衡了空间中的色彩，此空间色彩适用于具有绅士风度和气质的男人。

色彩主题 & 色彩组成

跃动的粗犷感与有温度的工业风

背景色：白色、黑色、暖灰色

主体色 & 点缀色：柠檬黄、红色

大师色彩解析课

此空间是典型的工业风室内风格，运用经典的黑白灰作为背景色，主体色用跳跃动感的色彩刺激人的视觉感官，在用餐的环境里，暖色系相比冷色系更能让人胃口大开，同时，暖色系也为餐椅粗犷的金属材质带来温度，无论任何风格的家居，温度带来的温暖感是人们对家最大的期待。

色彩主题 & 色彩组成

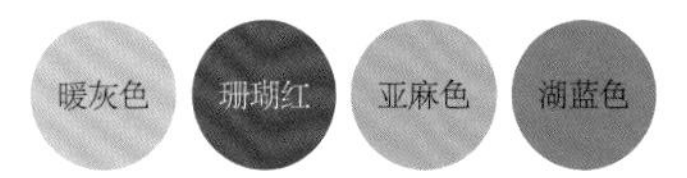

秋日恋歌

背景色：暖灰色、原木色

主体色：珊瑚红、亚麻色、冷灰色　点缀色：湖蓝色、浅金色

大师色彩解析课

此空间的配色方案，创作者将秋天的灵感赋予这个室内空间作品中，色彩搭配皆有章法和规律。背景色运用的暖灰色和原木色，如秋高气爽的季节，融入红色后，让原本素雅安静的空间增加了热烈浪漫的气息，床品选用的冷灰色调缩小了红色的面积，且有一种秋风拂面的凉意。空间给人感觉温暖而不夸张，就像秋天的爱是热烈也是深沉的让人留恋的。

色彩主题 & 色彩组成

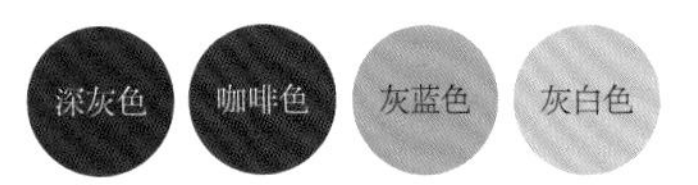

燃灰白如雪　烟草卷如茄

背景色：深灰色、褐色

主体色：咖啡色、灰蓝色　点缀色：灰白色、深酒红色

大师色彩解析课

徐志摩为 Cigar 起中文名的时候，用“燃灰白如雪，烟草卷如茄”的形容为此取名为雪茄，将原名的形与意结合，造就了更高的境界。本方案中的配色就像被徐志摩描述的雪茄，背景色由深灰色和褐色构成，给人一种深沉的历史感，灰蓝色地毯呼应墙面背景色。主体色家具的原木咖啡色系就像烟草卷的色彩，墙面的黑白装饰画，则讲述着一段历史故事。零星点缀的深酒红色也有着古典怀旧的气质。这是一个如雪茄般有着复古韵味的空间。

色彩主题 & 色彩组成

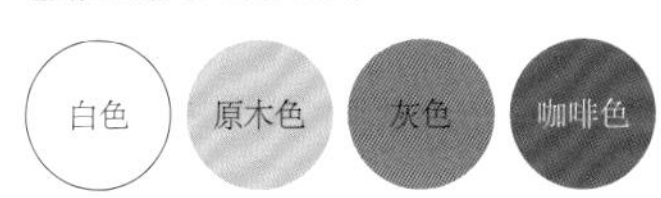

冷静与现代感

背景色：白色、原木色

主体色：灰色　　点缀色：咖啡色

大师色彩解析课

黑白灰色系营造出冷静、理性的质感，原始的水泥墙面和裸露的管线，是工业风的常规表现手法。本案中在白色和木色的背景色下，主体家具和地毯颜色运用有着冷暖细微变化的灰色来打造，木质加铁艺的书柜和茶几、铁艺的吊灯，材质原生态，空间变得冷静不似小清新，这正是工业风带给人的感觉。

色彩主题 & 色彩组成

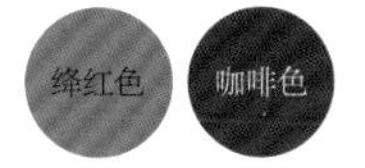

回忆旧时光

背景色 & 点缀色：绛红色

主体色：咖啡色

大师色彩解析课

色调暗且浓的色彩，通常都具有厚重的、充实的、传统的形象，此案中的绛红色给人一种复古的高级感。背景色与点缀色统一，主体家具运用比绛红色的明度高一点的咖啡色，具有前进感。在这样用色统一的空间，通过调整同色相与色调之间微妙的关系，制造前进与后退的感觉，打造更富有层次的空间，在统一中有变化。

色彩主题 & 色彩组成

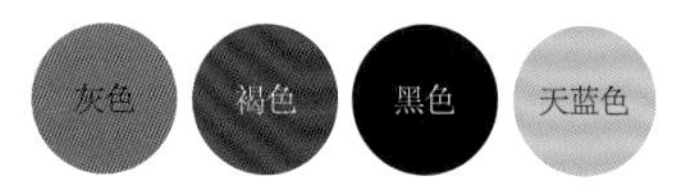

复古韵味

背景色：白色、灰色
主体色 & 点缀色：褐色、黑色、天蓝色

大师色彩解析课

在色彩开放度低、相似度本就比较高的空间中，灯光的作用更容易让背景色和主体色笼罩上了一层相同的色调，这个时候除了颜色外，材质的运用尤其重要，带有磨旧感与经典色的皮革是工业风家具的首选，皮革的颜色与质地，会让空间更有复古的韵味，与铁艺、金属、水泥等其他材质相互作用和融合，能让空间在统一中有变化。而点缀色只要控制其面积比例，选用任何颜色一般都是不会出错的。

色彩主题 & 色彩组成

复古精神 展示男士儒雅绅士的格调

背景色：深褐色、米灰色、白色
主体色：褐色、米白色　　点缀色：金色

此空间的色彩运用也都属于橙色家族，与前一个空间不一样的是，属于暗调过渡到明调的配色方案。最深的褐色作为背景色，与主体家具的褐色形成前进和后退的关系，布艺、地毯和装饰画与墙面线条的米白色，与褐色形成轻重的用色关系，平衡于空间。金色为这个配色复古绅士的空间中书写最具气质的一笔。此空间配色方案适用于儒雅知性男士们的书房或商务会客场所。

▷ 乡村印象配色

乡村印象的色彩给人温和、朴素的印象。这些色彩源自于泥土、树木、花草等自然界的素材，常见的有大地色系，如棕色、土黄色等低明度的色彩，以及绿色、黄色等。茶色系中同一色相不同色调的组合能够塑造出放松、朴素的氛围，如深茶色到浅棕色的组合，绿色与褐色的组合是最经典的自然色彩组合方式，不论鲜艳的还是素雅的，都能体现自然美。

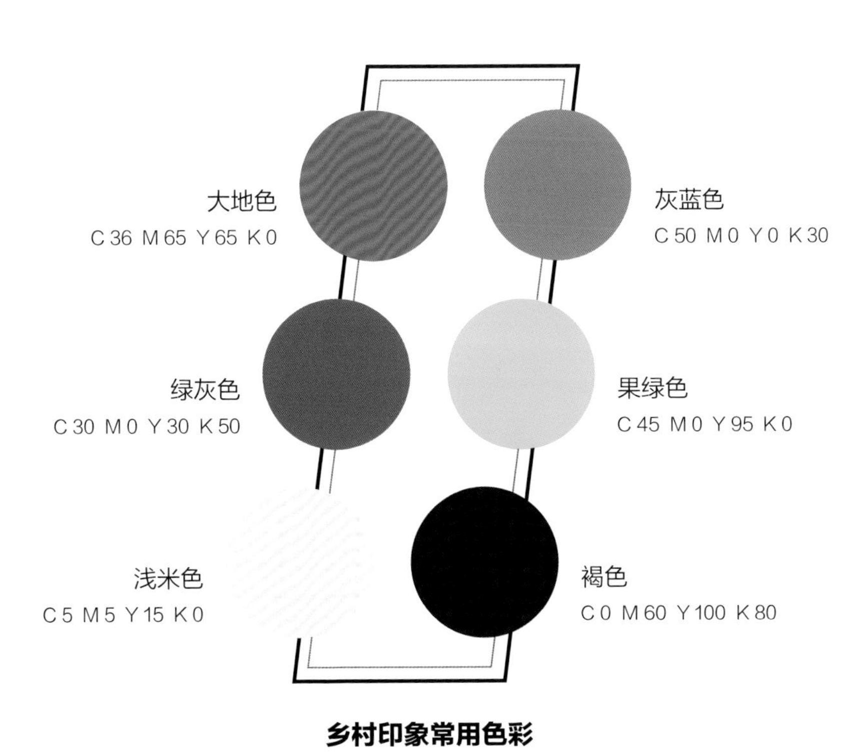

乡村印象常用色彩

色彩主题 & 色彩组成

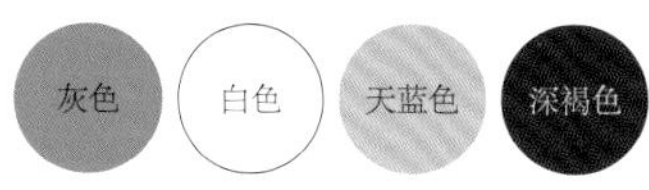

儿时乡村记忆

背景色：原木色（大地色、自然色）

主体色：白色、原木色　　　　点缀色：天蓝色、深褐色

大师色彩解析课

清新乡村风格，摒弃了烦琐和奢华，推崇“回归自然”的生活方式。质朴的原木自然色作为空间中大面积的背景色，身处其中的人们能够感受到放松和舒适，白色的餐桌椅和窗帘、米灰色的羊毛地毯，为空间带来明亮之感。此方案的点缀色聚焦于天蓝色和深褐色，容易让人联想到天空河流的天蓝色系，通常也代表着清爽和鲜活，深褐色则给这个清爽的空间添加了稳定感。绿植搭配在美式乡村风格中的运用必不可少。

色彩主题 & 色彩组成

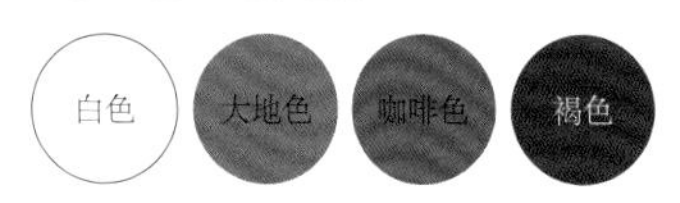

难得炉火这般温暖

背景色：白色、大地色

主体色 & 点缀色：咖啡色、褐色

大师色彩解析课

传统美式乡村风格，强调生活的舒适、温暖和自由。无论是感觉厚重的家具，还是斑驳的墙面石材，都在诠释美式乡村风格的历史感和质朴感。白色顶面，木色地面，石材壁炉，米灰色房梁，空间里从上至下的色彩关系展现出一种富有层次的稳定感，轻重有序，色相在统一有着细微的小变化。家具和窗帘稳稳地与空间背景色呼应，少量褐色点缀，此方案的色彩搭配保守稳健，开放度低，传递一种自然温暖的氛围，如同围坐在炉火旁，安静地读一本书，讲一个故事。

色彩主题 & 色彩组成

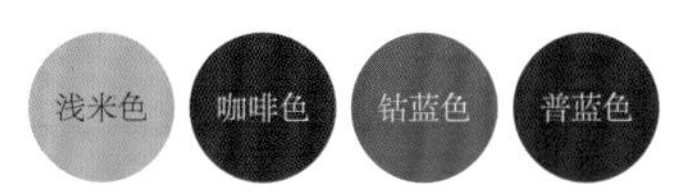

原生地貌

背景色：白色、大地色

主体色：浅米色、咖啡色、钴蓝色　　点缀色：普蓝色、褐色、湖蓝色

大师色彩解析课

建筑与大自然的有机结合，乡村风格是简朴的，更是优雅的。此案中，墙面的白色涂料与天然的石头材质相结合，构成了空间大面积的暖色背景，主体家具延续暖咖色系，并加入对比色系蓝色，空间的开放度变高，居室环境摆脱了传统乡村风格的沉闷和厚重，有了清爽和生动的美感。点缀色则降低或提高了主体色的饱和度，小面积点缀，丰富了空间中的色彩层次。空间中蓝色的运用，如同山谷间的一湾清泉，滋养着这一方水土。

色彩主题 & 色彩组成

Landing Guy

背景色：米色、褐色

主体色 & 点缀色：褐色、蓝灰色、橙黄色

大师色彩解析课

美式古典乡村风格，因其用色沉稳，家具体积庞大、质地厚重，还有雕花细节，给人感觉气派而且实用。空间背景色运用平衡统一，顶面及地面均用褐色系，四周墙面基调是米色，主体家具色以及窗帘同样均为褐色系。床品上的蓝灰色系和米色系、梳妆台上橙黄色的花卉，让空间中的色彩有了开放度，但不影响空间整体给人带来的稳定感。卧室是最让人放松的地方，外面奇妙无比、光怪陆离，旅人已经回家。

色彩主题 & 色彩组成

米白色

悠长假期里 读一首夏天的诗

背景色：淡黄色、白色、褐色

主体色：米白色、褐色　　点缀色：橙红色、嫩竹绿色

大师色彩解析课

沐浴阳光、花果飘香的季节，是最佳的度假时节。黄色是成熟的色彩，本案中大面积使用黄色于墙面，仿佛传递着秋季收获的美感，褐色砖石地面，有着自然的肌理和色彩，选用米白色书桌与褐色木作的书椅，主体色与背景色相呼应，窗帘上的红橙色和嫩竹绿色，与书桌上花卉、墙面装饰挂盘一起，点缀在空间里，色彩清新明快的乡村风格，是当代人们寻求悠然、浪漫、温暖情怀的精神寄托。

色彩主题 & 色彩组成

植物和土地的对话

背景色：绿灰色、白色、褐色

主体色：淡褐色、褐色、金色　　点缀色：金色、蓝灰色

大师色彩解析课

此案配色基于大自然森林的色调，在此基础上进行色彩搭配。绿色可以赋予各种概念与大自然相关的意义。大面积的墙面，选用了饱和度偏低的绿灰色，降低了绿色本身的刺激度，绿色与褐色地面的结合，如同植物与土地。主体家具沿用土地色系，淡褐色的床屏和床品提亮空间的色调，有上升之感，床毯色彩以及床头柜和斗柜色彩则呼应地面颜色，有下沉之意，地毯的图样和色彩起到丰富、平衡的作用。

色彩主题 & 色彩组成

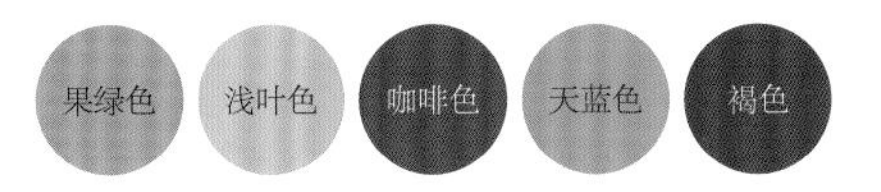

气爽云高 秋风阵阵

背景色：果绿色、白色、大地色

主体色：米白色、浅叶色、咖啡色　　点缀色：天蓝色、褐色

大师色彩解析课

亲近自然、向往自然的风格。久居都市的人们总是喜欢运用自然的色彩诠释悠闲、舒畅的生活情趣。刷上果绿色的墙面，扑面而来的是健康新鲜的气息，选用藤制家具和亚麻地毯呼应主题，主体家具面料色彩与墙面线条的颜色同为米白色，提亮空间，沙发面料上加入的浅叶色，以及装饰抱枕的天蓝色面料，同样是取自自然中的色彩。此色彩搭配方案整体亲切实在，能给人放松之感。

▷ 清新印象配色

对于生活在都市中的现代人来说，清新印象的配色如清风拂面，让人舒适轻松。色彩对比度低，整体画面呈现明亮的色调，是清新配色的基本要求。例如明度很高的绿色和蓝色搭配在一起可以给人清凉和舒适感。加入黄绿色，给人温暖而又充满新生力量的感受；加入蓝色与白色，则能进一步强调新鲜感，给人海天一色的清爽意境，常见于地中海风格。

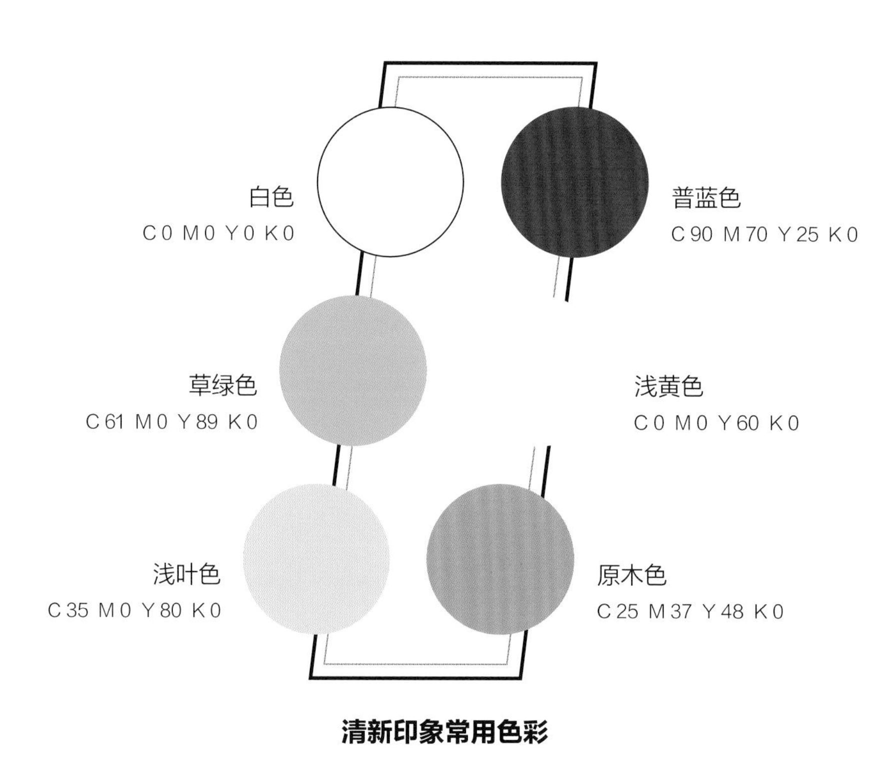

清新印象常用色彩

色彩主题 & 色彩组成

混沌初开 万物萌发

背景色：紫丁香色、白色、淡褐色
主体色：米白色、绿灰色、原木色
点缀色：嫩绿色、金色

大师色彩解析课

降低了纯度的紫色和绿色在一起搭配使用非常有意思，紫色本不属于自然色系，但和相同纯度的绿色搭配则有着神奇的化学反应，这是一种初春的典型配色，给人一种混沌初开，万物萌发的感觉。本案中，紫色的壁纸和绿色的窗帘都用于墙面，家具和地面颜色均为暖色调，结合墙面用色的运用，空间气质柔和，在这组属于自然色的配色方案中，因为紫色的融入变得富有情趣。

色彩主题 & 色彩组成

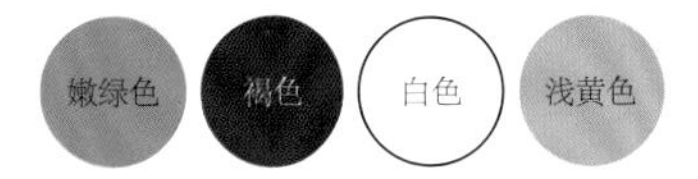

暖心味觉

背景色：嫩绿色、褐色
主体色 & 点缀色：白色、浅黄色、褐色

大师色彩解析课

黄绿色过渡到黄色的空间，背景色的嫩绿色与餐椅的淡黄色是空间中最亮眼的色彩，饱和度高的暖色调作为餐厅的环境色，能够打开用餐者的味蕾。窗框和餐桌选用褐色，用沉稳的颜色赋予了跳色稳定感，给空间增添了更具仪式感的稳重，也因此合理的选用了金色吊灯，金色同样具有仪式感。此空间有着田园般的气息，有着对生活庄重的热爱和对幸福的敏感。

色彩主题 & 色彩组成

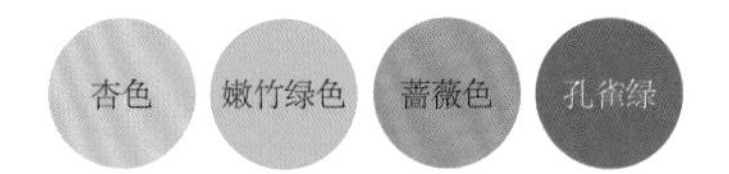

自然主义的浪漫呈现

背景色：白茶色、杏色、白色
主体色：嫩竹绿色、白色、蔷薇色　点缀色：孔雀绿、原木色

大师色彩解析课

自然主义园林意趣的图案同样是属于 Chinoiserie 系列，时尚风格 Chinoiserie 是被欧洲塑造出来的想象，充满了神秘、浪漫与奇遇。此案中运用了蔷薇红色与嫩竹绿色这组对比色，另外加入了与红绿相邻的橙色系，即墙面的白茶色和杏色，色彩丰富，搭配运用，整个空间温暖浪漫，Chinoiserie 风格的面料运用于床屏和抱枕，给空间带来时髦的气质。

色彩主题 & 色彩组成

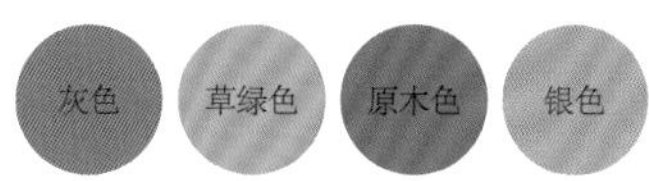

冬去春来 万物复苏

背景色 & 主体色：白色、灰色
点缀色：草绿色、原木色、银色

在这个背景色和主体色都是白色的空间，光线充足，色彩明快，通过草绿色和原木色这一类自然色的点缀，能够带给人们生机盎然的心理感受，仿佛经历了一个寒冬，初见春意时的欣喜和快乐，想卸下厚重的冬装，到户外开展游玩野炊活动，此案中的配色及材质运用均传达出这样的氛围，绿色有着新生的希望，原木色的家具以及藤编的材质有着自然的气息。墙面镜框有着粗犷的自然肌理图案和精致的银色材质，镜框的运用为这个自然的空间带来精致的美感。

色彩主题 & 色彩组成

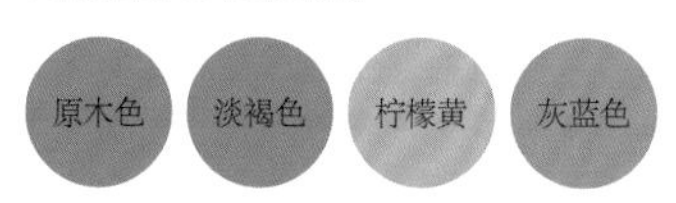

生活中的暖意

背景色 & 主体色：白色、原木色、淡褐色
点缀色：柠檬黄、灰蓝色

大师色彩解析课

此案中的配色平稳柔和，背景色和主体色均为白色系和原木色系，明亮、安稳，饱和度高的柠檬黄虽然有一定的刺激度，但正确地控制了它的面积比例，非但没有觉得很刺激，反而为空间增添了温暖的一笔，灰蓝色的单人沙发是空间中唯一的冷色调，空间有了对比色，开放度就会变高。这是一个能让人愿意长时间待在里面的配色空间，有着幸福的暖意。

色彩主题 & 色彩组成

绿水青山 蓝天白云

背景色：天蓝色、原木色

主体色：米白色、天蓝色　　点缀色：云杉绿色、钴蓝色

大师色彩解析课

蓝绿色过渡到蓝色的空间，色彩饱和度不高，空间中大面积的背景色都运用了天蓝色，主体色以暖白色为主，床、床头柜和地毯的色彩结合墙面的天蓝色，整个空间明快清爽，云杉绿色和钴蓝色在布艺上点缀，原木色的地板和家具的腿部木作是空间中的暖意。属于大自然的配色方案，绿水青山和蓝天白天，是走在旅行路上最美丽的风景。

色彩主题 & 色彩组成

蓬勃年轻 富有朝气

背景色：普蓝色、白色

主体色 & 点缀色：白色、橙色、普蓝色

大师色彩解析课

普蓝色有着洒脱、正统、现代化的感觉，与对比色橙色搭配在空间中，开放度最高，有充满活力之感。此色彩搭配方案适用于成长期的青少年，静谧的普蓝色安稳，大面积运用在空间中，提升空间的气质，有助于安静得思考学习，小部分跳跃的橙色阳光，给空间带来朝气蓬勃的气息，动静皆宜的成长是健康的、快乐的。

色彩主题 & 色彩组成

从容展现本色气质

背景色：白色、原木色
主体色：白色、黑色
点缀色：浅叶色、浅金色

大师色彩解析课

喜欢素雅格调，不着浓妆艳抹的空间。简单的生活，舒适的居所，天生丽质不张扬。此案正是如此，素雅的白和深沉的黑，表达手法简洁有力，属于自然色系的浅叶色带来了外面的空气，柔和了空间生硬的色调，让人觉得能够呼吸到大自然的气息，浅金色画框带来优雅的美感。低调配色的空间中透露着富有品质感的细节。

FURNISHING

DESIGN

PART

窗帘 · 床品 · 地毯

布艺色彩美学与

实战搭配规律

▷ 窗帘

在软装设计中，窗帘具有画龙点睛的作用。窗帘作为整体家居的一部分，要与整个家居环境相搭配。所以首先应该明确家里的装修风格，不同的装修风格需要搭配不同的窗帘。此外，窗帘布艺必须考虑花型与色彩及家居的和谐搭配。窗帘花型的选择，先要了解不同工艺的花形特点，并且应与窗户与房间的大小、居住者年龄和室内风格相协调。

◇ 东南亚风格窗帘

◇ 东南亚风格窗帘

◇ 风格窗帘

◇ 现代风格窗帘

◇ 新古典风格窗帘

◇ 新中式风格窗帘

软装解析

窗帘面料延续了壁纸的纹样，与壁纸俨然一体，很好地将窗帘融入空间氛围当中。平幔剪裁让花型得到舒展，避免了因打褶而造成花形凌乱和臃肿，从花型中提取的明黄色在窗幔和帘体对开的位置进行镶边，让窗帘的轮廓感在密集的花形中清晰可见，并且与台灯、沙发纹样形成呼应的色彩关系。

大师软装实战课〉

窗帘面料的纹样与空间中其他软装个体（如壁纸、床品、家具面料等）的纹样相同或相近，能使窗帘更好地融入整体环境中，营造和谐一体的同化感 。

软装解析

窗帘的面料囊括了软体家具的浅松石蓝和珊瑚红以及亮白色，如此一来，不管纹样如何，从色彩上已经和整体环境达到了和谐一致 。然而窗帘的花形选择了四方连续纹样又跳脱于软体家具的均齐式纹样，使整个空间的布艺搭配显得丰富饱满富有设计感。

大师软装实战课〉

窗帘面料选择与空间中其他软装个体（如壁纸、床品、家具面料等）的色彩相同或相近，而纹样差异化，既能突出空间丰富的层次感，又能保持相互映射的协调性。

软装解析

多面的落地窗为此户型的亮点，因此窗帘的作用不只是遮光，更重要的是要将这一亮点凸显得“犹抱琵琶半遮面”。选用了轻盈的帘身面料和透亮的窗纱面料，色彩上以浅暖白的单色布结合深咖啡色的小镶边，将多面落地窗的通透和大气展现得淋漓尽致，窗外的景观若隐若现，使得室内氛围更为优雅灵动。

大师软装实战课 〉

多边形落地窗，窗幔的设计以连续性打褶为首选，能非常好地将几个面连贯在一起，避免产生水波造型分布不均的尴尬。

软装解析

窗幔采用素色布进行简洁的剪裁，并辅以撞色镶边，既展现了高窗的仪式感，又不乏精致的设计痕迹。对于餐厅狭长的空间来说，也有助于空间感的延展。大地色系的雪尼尔窗帘面料与墙面的岩石饰面、原木地板以及做旧的藤编餐椅等和谐呼应，进一步强化了质朴、闲适的乡村风格的特征。

大师软装实战课 〉

窄而高的窗型，凸出的是高挑与简练，窗幔尽可能避免繁复的水波设计，以免制造臃肿与局促的视觉感受。

软装解析

蓝色加黄色的强烈对比，作为最经典的撞色系列，能为空间带来恢宏的视觉体验。浅灰蓝的壁纸和含羞草黄色的窗帘碰撞出了强烈的视觉冲击力，再加上亮白色的软体沙发和大面积的棕咖色木地板，一明一暗、一深一浅，搭配出层次丰富、视觉震撼的空间氛围。

大师软装实战课〉

在以单色为主体的软装环境中，选择单色的窗帘面料与其他单色主体进行对比或互补，能营造出简洁、活跃、利索的空间氛围。

软装解析

将平幔及边旗作为整个窗帘设计的重点，选用大马士革四方连续纹样进行适材剪裁，并以深色布镶边，让图形脱颖而出，水波窗幔采用同色系单色布结合串珠流苏的装饰，衬托出奢华雍容的气质。平铺结合水波的做法使整套窗帘的设计层次丰富、主次分明，为古典、奢华的软装空间大增颜色。

大师软装实战课〉

在平铺窗幔与水波窗幔相结合的窗帘设计中，往往平铺部分是整个窗幔设计的重点，平幔的形状应结合面料图案的形态和尺寸比例进行剪裁，最好选用独立纹样的面料。

软装解析

深邃的米克诺斯蓝护墙板加上岩石灰色的沙发及地毯，使得空间略显沉重，选择一款米灰色的窗帘让整个画面亮堂了起来，飘窗相对于落地窗而言较为低矮，所以选择竖向的二方连续纹样不仅使深沉的空间活跃起来，更能拉高窗户的视觉效果。

大师软装实战课〉

功能性飘窗，上下开启的窗帘款式（如罗马帘、气球帘、奥地利帘等）为上选，此类窗帘款式开启灵活、安装和开启的位置小，能节约出更多的使用空间。

软装解析

在乡村氛围浓厚的空间里采用草编卷帘和布艺直帘相结合的方式，不仅使乡村风格特征更为突出，也迎合了的卧室空间所呈现的温馨和柔软。布艺帘的面料汲取了草编帘的赭黄色和软体沙发的米褐色，从色彩上将不同材质、不同物件联系在一起，使整个空间和谐自在。

大师软装实战课〉

不同材质、不同形式的窗帘组合，通过色彩关系进行贯串，使其和谐存在，互不突兀。

软装解析

窗幔褶皱细密、面料选用密集的连续纹样，再饰以厚重的深色流苏，让视觉重点上置而产生庄重、大气的视觉效果 ，帘身采用浅驼色的单色布与墙面色彩不分伯仲 ，从而弱化了帘身的视觉感知，让仪式感极强的窗幔和沉稳庄重的家具上下势均，而达到视觉平衡，避免挑高层的视觉空洞。

大师软装实战课〉

利用窗户的拱形营造磅礴的气势感，应该把重点放在窗幔上，厚重繁复的窗幔如同罗马柱的柱头一般，决定着整体的气势。

选用了深青色的单色布制作窗幔及帘体，上下一体的做法及深邃的深青色带来视觉的后退感，让布置略显局促的家具和饰品前置，拉大了视觉空间 。缎面的材质光泽靓丽雅致 ，串珠流苏的镶边和挂穗的运用让水波显得更为流畅，散发出冷艳、高贵的气质。

大师软装实战课〉

当一面墙有多扇窗或者是门连窗时，化零为整是最佳的处理方法，窗幔采用连续水波的方式能将多个的窗户很好地联合成一个整体。

软装解析

卧室窗帘的色彩和做法比较别致，运用了大面积的素色搭配深色的边线，眉帘采用最简洁的平眉做法，床头的小窗户选用罗马帘的方式，虽然造型不同于主窗帘，但色调统一，整体感协调。

大师软装实战课〉

如果在同一个卧室空间中有两组不同类型的窗户，窗帘的方式也可以选择两种不同的，但色调和材质尽量一致。

软装主题 & 色彩组成

绿色威尼斯

葱绿色 + 白色 + 亚麻色

搭配手法

在荷兰有个美丽的小镇叫作羊角村，羊角村有“绿色威尼斯”之称，因为水面映像的都是一幢幢绿色小屋的倒影，那里房子的屋顶都是由芦苇编成，冬暖夏凉、防雨耐晒，耐用性强。此空间中的绿色有个文艺的名字是威尼斯绿色，威尼斯绿色与亚麻色搭配，增强轻松感，变得休闲化，窗帘和小凳的花卉面料带来自然和复古的气息，用绿色威尼斯小镇来诠释空间的气质，这里也有亲近自然的色彩，生活在此的人能够享受生活的愉悦。

软装主题 & 色彩组成

青春的华尔兹

蓝紫色 + 蓝灰色 + 白色

搭配手法

此空间的色彩运用了不同饱和度的蓝色进行搭配，注重了空间的色彩层次变化，蓝白相间的窗帘选用的花卉图样柔美灵动，与家具的柔美造型气质相呼应，而柔美造型的沙发又选用了小比例的几何图样面料，增添了时尚感。这是一个舞动着青春的时尚空间。

软装主题 & 色彩组成

单一的蓝

蓝紫色 + 白色 + 亚麻色

单一的跳色带给人直观的刺激和活力，此空间中的用色简洁明快，背景色和主体色为白色和米色，运用饱和度高的蓝紫色瞬间活跃了空间的氛围，但不免给人太过直观和冲击力的感受，这样的配色方案适用于卖场或其他展览性质的空间，通常在家中，应避免出现使用直接性的跳色，需要加入比跳色饱和度低的色系同时加入相邻或对比色系，或者直接降低跳色的饱和度，会更适用于居家环境。

软装主题 & 色彩组成

花香浮动 温暖沁脾

月光蓝 + 米白色 + 白色

此空间的配色方案是全弱色走向，大面积中、低纯度的弱色，看起来依然觉得有内容不寡淡，其中的奥秘就是运用冷色和暖色的变化来丰富了空间的层次。空间中的背景色和主体色均为暖色系，窗帘和床上用品选用的是同款印花面料，通过窗帘和床品有秩序地运用，月光蓝在这个米色的空间里焕发着皎洁的气质，印花面料仿佛有着清雅的花香。这样的配色非常适合长时间居住，低调柔和，舒适度极高。

▷ 床品

床品除了具有营造各种装饰风格的作用之外，还具有适应季节变化、调节心情的作用。比如，夏天选择清新淡雅的冷色调床品，可以达到心理降温的作用；冬天可以采用热情张扬的暖色调床品达到视觉的温暖感；春秋则可以用色彩丰富一些的床品营造浪漫气息。

◇ 工业风格床品

◇ 北欧风格床品

◇ 欧式田园风格床品

◇ 简欧风格床品

◇ 新中式风格床品

◇ 新古典风格床品

软装解析

简约风格的床品看似简单，却又有细节所在。挪威蓝与冬日白的配色显得清爽洁净，纯色的面料搭配让人感觉简练纯粹，而面料的压绉工艺正是设计的细节所在，包括枕头的单色线绣，都彰显着简约而不简单的品质感。

大师软装实战课〉

如何搭配一组耐人寻味的简约风格床品？纯色是惯用的手段，面料的质感才是关键，压绉、衍缝、白织提花面料都是非常好的选择。

软装解析

素雅的银桦色是床品唯一的装饰色彩，结合整体场景的暖灰色调，营造素净、雅致的卧室氛围 。主体面料选用了意大利绒和雪尼尔绒两种材质，以其良好的光泽和柔和的触感抑制了灰调带来的冷峻，从而迎合卧室空间所需的亲和力。靠枕的渐变条纹、枕头的填充回纹、腰枕装饰花边的二方连续回纹以及被罩的波点纹等让整套床品在单一色彩下依然变化多样，富有层次。

大师软装实战课〉

采用单一色彩进行床品的配搭，应从纹样、材质上有所区别，方能体现床品的层次感。

软装解析

纯净的亮白色与亮丽的玫瑰粉营造出甜美俏丽的色彩氛围，枕头采用了荷叶花边和网纱花边装点，把少女的温婉和娇俏展现得淋漓尽致。玫粉色的布做花朵镶嵌在素白的腰枕和抱枕上，显得更加生动立体。纹样选用了波点和蒲公英图案，在甜美中又添了一股清新自然的田园气息。

大师软装实战课〉

搭配梦幻的女孩房床品，粉色系是不二之选，轻盈的蕾丝织物、多层荷叶花边、花朵、蝴蝶结等都是女孩的造梦高手。

软装解析

从窗帘布艺和墙饰材质上提取的月光白和玳瑁棕成为床品的主要装饰色彩，深浅穿插，再加上金色的绣线点缀，使得床品层次十分丰富。床头玳瑁棕色的靠枕和床尾重工刺绣的搭巾主次呼应，增添了整套床品的仪式感。被罩和枕头的大马士革图案与窗纱的纹样相互映衬，让空间氛围和谐统一。细腻亮泽的涤棉色织提花面料，再加上丰富的褶皱工艺，呈现出雍容华贵的空间氛围。

大师软装实战课〉

大气的大马士革图案、丰富饱满的褶皱以及精美的刺绣和镶嵌工艺都是搭配奢华床品的重要元素。

软装解析

淡雅的岩灰色床品透露出知性的气质，规整的几何图案若隐若现，给人一种理智、干练的感觉。抱枕采用了毛巾绣的工艺加上针织的搭毯，柔软而随性，给冷静的空间增添了几分温度感。主体面料采用了棉麻混纺的材质，触感舒适，视觉柔和。

大师软装实战课〉

有序列的几何图形能带来整齐、冷静的视觉感受，打造知性干练的卧室空间，这一系列的图案是个非常不错的选择。

软装解析

蓝底白花的莲菊图案呈现出青花的古典风韵，加入橙赭色的映衬，凸现得青花更为跳脱，既传承了中式的意韵又突破传统中式的沉闷，时尚而富有文化底蕴。

大师软装实战课〉

从纹样上延续中式传统文化的意韵，从色彩上突破传统中式的配色手法，利用这种内在的矛盾打造强烈的视觉印象。

软装解析

动物皮毛仿生织物是此套床品的亮点。床盖选用了富有肌理的压纹面料，被罩选用了立体感极强的菱形格纹粗织面料，使床品的感觉看起来粗犷奔放，加上豹皮、滩羊毛的仿生织物的运用，使得床品张扬的个性更为突出。

大师软装实战课〉

动物皮毛仿生织物应用于装饰类的构件即可，避免大面积的使用，否则会让整套床品看起来臃肿浮夸。

软装解析

草木绿、湖水蓝、樱花粉营造出极其清新自然的色彩氛围。植物花卉是此套床品的主体纹样，并通过纯色抱枕、格纹靠枕和被罩的映衬，达到主次分明，层次丰富的效果。

大师软装实战课〉

搭配自然风格的床品，通常以一款植物花卉图案为中心，辅以格纹、条纹、波点、纯色等，忌各种花卉图案混杂。

软装主题 & 色彩组成

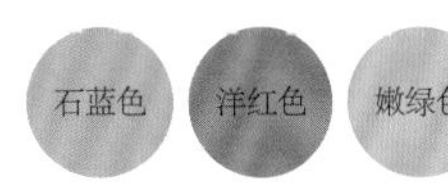

花好月圆

石蓝色 + 洋红色 + 嫩绿色

清朗水灵的石蓝色、娇媚活力的洋红色、悠然自得的嫩绿色，这三种颜色放在一起运用在空间中，有相邻色，有对比色，非常漂亮。石蓝色的使用面积最大，空间是以清爽的色调为主，床屏的花卉图样灵动逼真，和床头柜上的鲜花交相辉映，嫩绿色生机盎然。此空间让人觉得美好诗意，花朵尽情盛放，春天的气息里微笑绽放。

软装主题 & 色彩组成

取之自然

浅黄色 + 白色

岛屿特色，海边的沙石、茂密的植被，都属于岛屿上天然的原材料，从自然中提取天然的材质和色彩用来打造空间，能给居室空间带来自然淳朴的气质。此空间中，褐色的床和原木色系的床头柜，以及藤编的花器，均表现出自然原生态的气质，床品选用与家具同色系的浅黄色，提亮空间，几何图样和床的藤编图样一致，整个空间的材质、用色和造型都极其统一。

软装主题 & 色彩组成

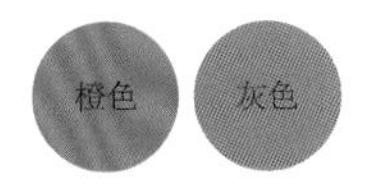

温暖的太阳照着冬天的花

橙色 + 灰色

浅灰色调的空间中，一抹橙色的加入仿佛冬天的阳光，能够瞬间给空间带来暖意。床屏的面料选择，俏皮富有生机，花卉延续墙面的灰色调，面积也比较大，因此床屏没有在空间中给人很突兀的感觉。橙白相间的卷叶纹橙色抱枕，色调比橙灰相间的床屏更为明快，再加上更靠前的白色床上用品，通过调整图案的面积比和色彩关系的对比，恰当地展现了空间的层次关系。

软装主题 & 色彩组成

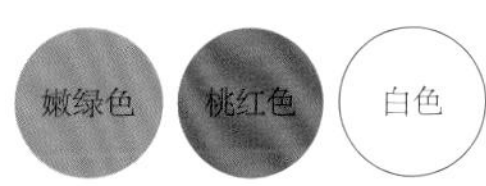

甜心马卡龙

嫩绿色 + 桃红色 + 白色

想象你在吃一个甜而不腻的马卡龙甜点，可爱的颜色和外脆内柔的口感是不是唤起了你的少女心？本案的色彩搭配，正是运用了马卡龙的柔美色彩，都提升了明度的红绿搭配，嫩绿色为主，桃红色为辅，用色比例控制得刚刚好，色彩的开放度为空间带来甜美浪漫的感觉。几何图样的床屏、抱枕和地毯，与花卉图样的沙发，提升了空间的丰富度。是适合年轻女孩的卧室的搭配方案。

▷ 地毯

一般地毯其实更多是考虑跟窗帘搭配，因为家具属于主体，地毯与窗帘都属于配件，但是地毯与窗帘又是整个空间色调最主要的决定因素。在地毯花纹的选择上，一般不选择纯黑色地毯，色彩过于浓重容易给空间压抑之感，选择花型较大、线条流畅的地毯图案，能营造出视觉开阔的效果。

◇ 北欧风格地毯

◇ 现代风格地毯

◇ 欧式风格地毯

◇ 新中式风格地毯

◇ 美式风格地毯

软装解析

白色的天花板与墙面，加上沙发背景镜面的折射让整个空间看起来轻浅，一张金咖相间的深色地毯让分量感陡增。地毯纹样的选择延续了天花板的四方连续格纹，从形态上做到上下呼应。地毯金色的格纹与抱枕、搭毯等布艺，活跃了空间的色彩氛围。

大师软装实战课 〉

在光线充裕、环境色偏浅的空间里选择深色的地毯，能使轻盈的空间变得沉稳、厚重。

软装解析

不论是波斯毯、绒毯还是真丝毯，因为上乘的原料和精细的手工艺让其在地毯中显得极其尊贵。在这个古典欧式的客厅场景里，地毯精细紧实的花形与壁纸花卉图案遥相呼应，烘托着古典沉稳的家具，带来一种典雅庄重的视觉感受。

大师软装实战课 〉

手工地毯中以波斯毯最为常用，在欧式古典风格中，一张花形丰富细腻的波斯毯能带来典雅尊贵富有艺术气息的空间体验。

软装解析

以蓝色为基调的场景里，抱枕的条纹、点纹、波浪纹、台灯的四方连续格纹、沙发凳的团花以及装饰画的星辰图等，热闹非凡。此刻，让空间冷静下来的不只是代尔夫特蓝的静谧，还有恰如其分的格纹地毯，整齐的矩阵图形，让序列感油然而生，较之纯色地毯与繁多的纹样之间的差异感，格纹更能融入其中。

大师软装实战课〉

在软装配饰纹样繁多的场景里，一张规矩的格纹地毯能让热闹的空间迅速冷静下来而又不显突兀。

软装解析

一张动物皮毛地毯足以将主人崇尚自然、爱好自由的心性展现得一览无余。选用一张棕白相间的皮毛地毯，将大面积的棕咖色木纹和纯白色的肌理墙囊括其中，从色彩上水到渠成的融入整体环境中。而其原生态的特殊质感又为质朴的乡村风格增添了不少戏份。

大师软装实战课〉

动物皮毛地毯带着一股桀骜不驯的气质，这股天生的野性也是自由与闲适的象征。

软装解析

蓝白相间的条纹地毯富有琴键般的韵律感，让空间偏狭长的餐厅得以在视觉上的延伸。潜水蓝清爽、时尚、充满幻想，地毯选用这一色彩顺应了整体色调，打造一个秘境般引人遐思的餐厅空间。

大师软装实战课〉

在长方形的餐厅、过道或者其他偏狭长的空间，横向铺一张条纹的地毯能有效地拉宽视觉。

软装解析

在这个宽敞的欧式卧室中，地毯成为了点睛之笔，艳丽的色彩、舒展的花卉图案、立体剪花的工艺以及羊毛的材质使得整个空间极为饱满丰富，呈现出雍容富丽的尊贵品质。

大师软装实战课〉

植物花卉图案的地毯能给大空间带来丰富饱满的效果，在欧式风格中，多选用此类地毯以营造典雅华贵的空间氛围。

软装解析

灰调的墙、地面材质加上深沉的木质家具让光线略为暗沉，一张浅色的地毯瞬间提亮了整体空间，抽象的泼墨图案自由洒脱，给沉闷的空间增添了不少活力，同时也令新中式风格的文化韵味更为深厚。

大师软装实战课〉

花型不规则且花型较大的地毯适宜开阔的客厅空间，大的空间能让花型得以舒展，衬托出空间的开阔与大气，在光线较暗的空间里选用浅色的地毯能使环境变得明亮。

软装解析

烟灰色的纯色地毯让白色的墙面和墨色的沙发之间有了极好的过渡，弱化了黑白对比带来的锐利感。长毛绒强捻的工艺有着非常好的簇绒感，让生硬、冷冽的现代简约空间顿时变得柔软而具有亲和力和温度感。

大师软装实战课〉

纯色地毯能带来一种素净淡雅的效果，通常适应于现代简约风格的空间中。

软装主题 & 色彩组成

一半海水 一半火焰

红色 + 蓝色 + 白色

搭配手法

此空间的搭配容易让人聚焦于地毯上，使用高刺激度的红色和蓝色相互搭配，即使有白色在其中平衡，依然给人跳跃动感的感受。先不看空间中的跳色，这原本是一个朴素的空间，原木色的木梁、地板、床和门窗，亚麻色的窗帘都是自然闲适派的代表，红色和蓝色的加入，为空间带来了艺术的张力。如果一段时间的生活太让人乏味，通过调整布艺的色彩，让屋子和心情都能焕然一新，这是一个不错的选择。

软装主题 & 色彩组成

椰林树影 水清沙白

蓝色 + 米白色 + 白色

搭配手法

线是抽象的艺术语言，它是点在移动中留下的轨迹，因而它是由运动产生的，有着律动的活力。此空间中的地面铺满条纹线条的地毯，用色清爽，蓝白相间，有着青春洋溢的气息。家具和配饰同样使用的是色彩明快的颜色，床边的足球告诉了我们房间小主人的兴趣爱好，留给人想象空间，仿佛看见一个在海边踢球的小男孩。这是一个适合男孩房的配色方案，色彩和图形元素皆表现同一种青春的气质。

FURNISHING

DESIGN

PART

客厅 · 卧室 · 餐厅 · 过道 · 书房 · 儿童房 · 休闲区

室内空间中的
家具陈设与软装布置

▷ 客厅

客厅是日常生活中使用最为频繁的功能空间，是会客、聚会、娱乐、家庭成员聚谈的主要场所。无论空间是大还是小，方正还是不规则，客厅软装饰品的搭配布置都需要精心规划，这样才能巧妙地利用空间的每寸地方，打造出最舒适的客厅。

◇ 地中海风格客厅

◇ 新中式风格客厅

◇ 欧式风格客厅

◇ 美式风格客厅

◇ 混搭风格客厅

◇ 现代风格客厅

软装解析

对称的布局能给人以强烈的仪式感，以壁炉为中轴线，家具、装饰画、饰品等都遵循对称的原则分布，让空间典雅而庄重。浅色的家具和饰品在深色墙面的衬托下显得层次鲜明，格外瞩目，一张黑白斑马纹的地毯不仅将空间里黑白两色不着痕迹地贯穿起来，也给空间带来时尚的元素。

大师软装实战课〉

在颜色深、光线暗的空间里选择浅色的软装元素，能利用深浅两色的对比给视觉带来前进和后退的错视，以产生开阔的空间感，对称的布局方式使空间显得庄重典雅。

平衡法摆设饰品

软装饰品的搭配是软装设计的最后一个环节，在客厅中可把一些饰品对称平衡地摆设组合在一起，让它们成为视觉焦点的重要部分。例如可以把两个样式相同或者相近的工艺饰品并列摆放，不但可以制造和谐的韵律感，还能给人安静温馨的感觉。

软装解析

灰色的水泥墙面、黑色的皮革沙发、白色的大理石茶几及装饰画所占的色彩比例主次分明，黄色的抱枕作为此场景的点缀色，占比虽小，却是活跃气氛的点睛之笔。通透轻巧的金属单椅和敦实沉稳的沙发之间不论从体量上还是质感上都形成了尖锐的对比，加上装饰画采用的不对称挂法，利用其矛盾和失衡的视觉，使得现代都市风格的空间更为时尚前卫。

大师软装实战课 〉

空间的色彩分配黄金比例为 70：25：5，点缀色通常能起到引导情感的主要作用。在打造现代感极强的空间时，矛盾、对比、失衡等手法都能迅速增加时尚感。

软装解析

鲜亮的爱马仕橙和柔和的纳瓦霍黄这组经典的配色用在客厅空间里活力十足，能给人带来积极与喜悦的心理感受。橙色的结构线分里外两层，外层墙面色彩与窗帘，里围的抱枕与单沙发和橙色书籍，清晰的色彩结构让空间看起来热烈而不显纷杂。白底黑框的装饰画让大幅的橙色墙面形成理性分割，减弱了大面积纯色带来的视觉疲惫。画芯的色调与地毯色调上下呼应，达到平衡一致的效果。

大师软装实战课 〉

大量使用单一色彩进行配搭时，色彩结构线要清晰明了，避免色彩分布过于凌乱而产生的烦躁。当墙面色彩面积过大，可利用装饰画、壁挂等将墙面进行分割，以达到比例平衡。

软装解析

场景有着欧式会客厅的典雅又融入了东南亚的异域风情。简约的壁炉以一面连接至顶面的装饰镜来加强仪式感，也利用镜面的折射增加了空间感。主沙发的典雅纹样与单沙发的粗肌理质感形成鲜明的风格差异，热带风情的壁纸与麻编的地毯以及壁炉上的鎏金木雕饰品等为空间增添了神秘的异域体验，显得庄重、古朴、神秘、休闲。

大师软装实战课〉

异域元素的运用赋予了空间情感的温度，稍稍几件风格差异化的饰品便可使空间更加神秘、耐人寻味。

适合混搭的客厅家具

第一种是设计风格一致，但形态、色彩、质感各不相同的家具，这类家具比较适合在一些中小户型的房间内摆设，以形成视觉上的反差。第二种是色彩不一样，但形态相似的家具，这类家居看起来不会产生非常强烈的对比感，适合面积较大的居室。还有一种是设计和制作工艺都非常精良的家具，这种家具适合各种混搭空间，但数量不宜过多。

软装解析

蓝白调是希腊地区地中海风格的常用配色，深邃的大海、细白的沙滩是主要的色彩来源。在大面积深蓝色的空间里选用了白色的家具，让家具与墙面之间产生了很大的间隙感，从而使视觉空间扩大。结合户型的特点在沙发两侧对称放置书柜、并将建筑窗完美地融入立面构图中，既让画面感规整又丰富了日常使用功能。沙发的条纹面料在空间里起到了强化风格的作用。

大师软装实战课〉

面积小的客厅要满而不挤，利用户型特点满足日常功能需要的同时盘活角落。

软装解析

美式休闲风格的盛行体现了现代都市人追求闲适自由的生活态度，从客厅的布局到色彩纹样的搭配再到材质的选择都遵循着这一情感需求。家具与装饰画都放弃了对称与均衡的布局方式，显得自由而随性，宽厚的软体沙发以舒适为主，布艺的搭配由纯色、格纹、大马士革纹组成，变化丰富的同时又通过珊瑚色和芥末绿这一色彩组合进行统一贯穿，整体协调，条理清晰。选用了原木、棉布以及簇绒地毯等亲和力极强的材质，让整个空间温馨舒适。

大师软装实战课〉

不对称的布局形式是表达自由的极好手法，纯天然材质的运用能给空间增加舒适感，当利用多种纹样来营造丰富的层次，统一的色彩能保证其条理清晰，不致满目缤纷。

软装解析

淳朴自然的托斯卡纳风格透露着原始之美，沙发布艺典雅的纹样带有古老的欧式特征，古朴的家具木纹和结节清晰可见，与墙面岩石与灰泥的朴实无华交相辉映，斑驳的台灯与装饰品年代感十足，墙面的装饰画带来天空与海的气息，整个客厅自然、明媚又有着道不尽的故事，仿佛在阳光下的托斯卡纳小镇品阅一本耐人寻味的史书。

大师软装实战课 〉

托斯卡纳风格有着一股古朴的乡村之美和深厚的文化传承，是简朴的、乡村的，也是典雅的，塑造这一风格的软装场景，要注重室内装饰与自然的结合，还有年代感独特的古朴韵味。

软装解析

沙发古铜色的铆钉和皮革茶几的拉扣工艺能带来厚重粗犷的效果，加上做旧的单椅和铁艺喷涂的圆几等使空间看起来更为随性洒脱，而墙面的酒红色挂镜和茶几红色花艺的柔和与细腻又恰到好处地削弱了家具带来的朋克感，让其有种“枪炮玫瑰”的铿锵与温软。墙面的装饰画给空间带来了很强烈的纵深感。

大师软装实战课 〉

面积小的客厅可以利用装饰镜面的折射来拉大视觉效果，选用纵深感强的装饰画也是延伸空间的一种手段。打造多层次的情感氛围，要注意主次分明，或是刚硬中掺入些许柔软，或者柔软中夹杂着少许刚硬。

● 客厅家具陈设形式

简约风格的小户型客厅中，一字形沙发布置给人以温馨紧凑的感觉，适合营造亲密的氛围；L形沙发布置是客厅家具常见的摆放形式，适合长方形、小面积的客厅内摆设；围合形布置是以一张大沙发为主体，再为其搭配多把扶手椅。主要根据客厅的实际空间面积来确定选择几把扶手椅，可以随自己喜好随意摆放，只要整体上形成凝聚的感觉就可以。

软装解析

从某种意义来说，“借光”和“借景”不只是建筑设计师的专利，也可以成为软装设计师的高招。充裕的光线和葱郁的外景，使之与室内氛围融为一体，触感柔软的素白纯棉布沙发，麻编的地毯，再加上室内绿植的运用，与窗外光、景相互映衬，交织成一幅清新、自然的空间景象。

大师软装实战课 〉

引用自然光线和户外景观来装饰室内空间时，多选用天然的材质，如棉、麻、原木等来营造朴实生态的情感氛围，并注重室内外的色彩及元素的呼应。

软装解析

自然风格讲究的是本色出演，营造朴实、生态、休闲的空间氛围。柔软舒适的麻布沙发、藤编的箱式茶几、粗针织的搭毯以及水培花艺等都是打造这一风格的代表元素 。色调柔和温馨，皆为本色出演。抱枕选用了植物花卉纹样，以表达对大自然的亲近，薄纱制作的窗帘若隐若现地将窗外景观引入室内，让室内充满绿意盎然的生命力。

大师软装实战课 〉

不论是材质还是色调都遵循大自然本身，完全摒弃人为的科技痕迹 ，采用绿植、盆栽或者水培花卉等进行氛围的渲染。

软装解析

将东方元素与西方的表现形式相结合，成就“东情西韵”的艺术效果。典型的欧式沙发采用了印有中式花鸟图的布艺进行装饰，传统的欧式斗柜利用中式的漆画工艺绘上了花鸟图案，以及墙面的水墨画和工笔画，都是东方艺术的代表元素，这种东西方文化相结合的混搭手法使得空间新颖生动。特别是赭黄色与松石蓝色的搭配，时尚而夺目，让空间有了一种时尚与古典相融合的趣味性。

大师软装实战课〉

东西混搭和古今混搭是混搭风格常用的手法，而本案将这两种手法都融入其中，让混搭的趣味更加出色。

软装解析

草木绿与湖水蓝的配色成为年轻一族的新宠，它呈现出来的清新时尚气质有着魔法一般的吸引力，再加上薰衣草紫的渲染，又增添了几分浪漫的情调。素白色的沙发通过几色抱枕和搭巾的装点显得丰富饱满，特别是抽象动植物的纹样，增加了几分灵动的韵味，藤编的茶几和半釉陶罐、水培花卉、小鸟饰品等带来大自然的气息，让整个空间从色调到意韵都十分的清新雅致。

大师软装实战课〉

格纹地毯和动植物纹样的抱枕赋予了空间灵魂与活力，结合清新自然的配色，呈现出一种时尚的浪漫。

软装解析

简约、直接、注重功能是北欧风格的典型特征。在此客厅中，家具完全摒弃了复杂的曲线和雕饰，沿袭了德式的功能实用主义和工业风痕迹，更注重的是本真和实用。象征海洋的蓝和象征太阳的黄是经典的瑞典式配色，是对宽广和温暖的向往，通过这一配色的运用，使空间呈现出阳光、积极的情感色彩。原木、棉麻、陶器等都表达着崇尚自然的情怀。

大师软装实战课〉

搭配北欧风格的场景，完全不使用繁复的纹样、雕饰，利用格纹、条纹、色块等来表达设计层次，取材自然，营造舒适愉悦的空间氛围。

软装解析

这是一个以色彩作为情感主导的空间，柑橘色代表着年轻、热情和活力，有了这一情感的引导，家具选型也变得多样化，不拘形式，软体家具和框架家具、曲线和直线、不同颜色的木质涂装都在这一空间里和谐存在，并且显得更为活泼多变。

大师软装实战课〉

运用不同款型不同风格的家具进行混搭时，可以利用引人注目的色彩来主导空间情感。

软装解析

大小不一的金色相框布满了整个墙壁，犹如随意摊开的书籍，展现着浓郁的生活气息。白色的壁炉介于代尔夫特蓝的墙壁和群青蓝的沙发之间，让两处大面积的纯色层次分明。窗帘的格纹与沙发抱枕遥相呼应，而又疏密有致。金色的台灯及家具构件呼应着吊灯与相框，在空间里呈现着高贵的气质。

大师软装实战课〉

大小不一、内容多样的相框给空间带来了故事性，深邃静谧的蓝色加上金色的点缀，显得高贵而优雅。

软装课堂

● 根据风格搭配客厅饰品

新中式风格客厅的饰品繁多，如一些新中式烛台、鼓凳、将军罐、鸟笼、木质摆件等；美式风格客厅经常摆设仿古做旧的工艺饰品，如表面做旧的挂钟、略显斑驳的陶瓷摆件、鹿头挂件等；新古典风格的客厅中，可以选择烛台、金属动物摆件、水晶灯台或果盘、烟灰缸等饰品；现代简约风格客厅应尽量挑选一些造型简洁的高纯度饱和色的饰品。

▷ 卧室

卧室的家具陈设以形成通顺流畅的动线为原则，衣柜大多布置在床的侧边，梳妆台的摆放没有固定模式，可与床头柜并行放设，也可与床体呈平行方向布置。此外，卧室是所有功能空间中最为私密的地方，布置饰品时要充分分析主人的喜好，巧妙利用专属于卧室的饰品，能轻易地为卧室空间增添情趣。

◇ 地中海风格卧室
◇ 新古典风格卧室
◇ 美式风格卧室
◇ 新中式风格卧室
◇ 现代风格卧室
◇ 田园风格卧室

软装解析

浅灰蓝作为卧室的主导色彩带有柔和的视觉效果，金色及香槟色的运用又给空间增添了几分优雅与高贵。床屏铆钉制作的回形纹以及床头柜上金属镶嵌的回形纹让新中式的属性得以凸显。贝壳镶嵌的装饰柜、精工刺绣的窗帘花边以及丝质床品的精湛衍缝工艺等无不彰显着细节的精致和高调的品质。

大师软装实战课〉

以现代的工艺和材质以及简化了的中式符号来诠释新中式，时尚与传统相结合的魅力，符合现代人的审美观念。

软装解析

经典的格纹壁纸和地毯赋予卧室一种英伦格调的绅士和典雅。选用品质感极强的皮革拉扣床，配合暗橄榄绿与黑白棋盘格搭配的床品，更显得时尚雅致。金属包框的皮箱替代了床头柜的功能，还有墙面采用唱片制作的实物画及饰品等展现出来的年代感和复古风让空间变得风格突出、性格鲜明。

大师软装实战课〉

格纹是塑造英伦风格的重要元素，大量格纹的应用，结合低调沉稳的色调，以及高品质感的材质，让空间呈现出一种绅士般的贵族情怀。

软装解析

坡顶卧室高挑宽阔，一张气势磅礴的皇后床迎合了这一户型特点，樱桃木的厚重感与屋顶的木面上下呼应，使空间看起来均衡沉稳。贵族蓝与香槟金的搭配冷艳高贵，赋予了空间以宫廷式的奢华气质。纹样细腻的羊毛地毯古典而雅致，书写着不俗的品位和格调。

大师软装实战课〉

皇后床具有高耸的气势感和威严的仪式感，用在层高较高的卧室空间能与其形成和谐的体量比例，营造强大的奢华气场。

● 卧室家具陈设注意尺寸问题

卧室在摆放家具之前先要考虑到房间和床的宽度。一般平层公寓的卧室宽度在 3300~3600mm，正常床的长度为 2050~2350mm，电视柜的宽度为 450~650mm，再预留出 700mm 以上的宽度做过道，所以卧室如果不是很宽的话，最好不要摆放床榻。

软装解析

体量宽厚的美式家具给卧室带来大气沉稳的同时也制造了不少沉闷感，而浅松石蓝与凯莉绿的加入，使原本沉闷的卧室看起来生机盎然。一张颜色靓丽、花色新颖的地毯给空间带来了转折性的突破感。床尾凳的凯莉绿承接床品抱枕与地毯的色彩结构线过渡，让靓丽的色调很顺畅地融入暗沉的色调中。

大师软装实战课〉

美式家具以色调沉、体量大著称，利用色彩靓丽的织物来调和这一特征，能使卧室氛围显得更为亲近有活力。

软装解析

在卧室中，淡淡的水蓝色与纯净的亮白色勾勒出清新纯粹的感觉，有着婴儿般的粉嫩和天空般的纯净。素净的床品通过细腻的纹样表达着她的精致和优雅，轻扬的窗纱恰到好处地迎合着空间氛围，犹如夏日午后的习习凉风，撩得人有股休憩的冲动。

大师软装实战课〉

在水蓝色与白色营造的清新调子里，床品、窗帘等卧室布艺选择轻柔的材质能为空间增加浪漫飘逸的感觉。

软装解析

床头背景的木饰古朴而又有着自然的风貌。选用实木家具和藤编家具与背景形成了内在的呼应，加上手工缝制的粗麻布沙发凳、皮毛床品搭毯、麻编地毯等，显得卧室自由奔放，不拘小节。背景的装饰挂毯纹样有着一种符号的神秘感，为卧室氛围又增添了几分远古的年代感。

大师软装实战课

包容性极强的大地色系用在卧室里显得安稳自在，做旧做粗的材质很好地表达了粗犷、奔放、自由的空间性格。

● 根据风格搭配卧室饰品

新中式风格的卧室可以选择保留了中式元素但线条经过简洁处理的饰品，如彩陶台灯、中式屏风、根雕作品等；现代简约风格卧室选择饰品时，一方面要注重整体线条与色彩的协调性，另一方面要考虑收纳装饰效果，要将实用性和装饰性合二为一；美式风格的卧室在饰品的选择上注重色差和质感的效果，复古做旧的实木相框、细麻材质抱枕，建筑图案的挂画，都可以成为美式风格卧室中的主角。

软装解析

驼色是最为包容的色彩，调和了黑白两色给卧室带来的冷峻感。低矮的床屏让人感觉现代感十足，整齐服帖的床品以及不加修饰的窗帘给棱角分明的卧室增添了几分亲和力。一张点状豹纹的地毯、一个斑马条纹的抱枕，为空间融入了时尚的气息。床头缥缈的山水画透着几分空灵，又带着一缕现代的禅意韵味。

大师软装实战课〉

在现代简约的卧室里，采用低矮的家具结合下置的挂画方式，能让空间产生高耸的错视感。

软装解析

藤编的床屏、做旧的床头柜、防腐木制作的衣箱、以及整幅墙的麻料窗帘、麻编的地毯等，都在默默地描绘着一幅朴实宁静的乡村情景。代尔夫蓝一改往日的宁静与深邃，在朴实无华的环境中脱颖而出，让床品和装饰画成为视觉的中心，从而沿着这一中轴线展开。

大师软装实战课〉

在材质属性类同的场景里，色彩的跳脱能给空间带来不一样的瞩目感。

餐厅

餐厅是家中最常用的功能区之一，一般布置餐具、烛台、花艺、桌旗、餐巾环等饰品。其中餐具是餐厅中最重要的软装部分，一套造型美观且工艺考究的餐具可以调节人们进餐时的心情，增加食欲。

◇ 简约风格餐厅

◇ 新中式风格餐厅

◇ 欧式风格餐厅

◇ 田园风格餐厅

软装解析

四色伊姆斯椅成功地虏获了眼球，由苔藓绿、鹧鸪色和岩石灰组成的暗色调有了橙红色的点缀，创造了极为出色的视觉效果。窗帘的形式采用了毫不修饰的直形罗马帘，餐桌饰品摒弃了繁复的装饰，一束郁金香和几个柠檬果在呼应了餐椅色彩的同时又展现了北欧风格简约随性的特点。

大师软装实战课 〉

色彩变化的同时寻求款式的统一，让空间显得丰富多变而又不会杂乱无序。

软装解析

深棕与深灰蓝的配色收敛了浅色环境的轻薄感 ，加上地毯和椅背丰富的花卉纹样，让视觉重点凝聚在画面中心。圆桌及圆形的地毯与天花造型和谐呼应，有着圆满的寓意。S 形弯腿的餐椅曲线流畅加上细致的描金，展现着新古典风格的优雅和高贵。素净的窗纱给空间带来了飘逸和灵动的气质，餐桌上插花色调柔和、造型饱满，让餐厅场景顿时变得亲切温暖。

大师软装实战课 〉

餐桌区域是餐厅空间的中心，不论从形式还是色彩都应重点打造，天花形状是餐桌形状选择的依据。

软装解析

利用户型的特点，在角落处设置一座转角沙发，丰富了餐桌的组合形式，又为小面积的餐厅节约了空间，更为空间添了几分浪漫的味道。沙发的胭脂粉和餐桌椅的鸽子灰的配色有着一股精致的恬静。铁艺吊灯、花卉主题油画、原木墙饰，还有经典的格子布让田园风格的特征更加鲜明。

大师软装实战课〉

在小户型中利用餐厅一角摆放家具，既有效地节约了空间，沙发与单椅的组合又让空间富有趣味性。

● 餐厅家具陈设要点

餐厅家具主要是桌椅和酒柜等，一些家庭中也常常设有酒吧台，以满足高品质生活需求。餐厅家具的摆放在设计之初就要考虑到位。餐桌的大小和餐椅的尺寸、数量等也要事先确定好。餐桌与餐厅的空间比例一定要适中，要注意留出人员走动的动线空间，距离根据具体情况而定，一般控制在 70cm 左右。

软装解析

高光烤漆的新古典圆餐桌、改良版的中式官帽椅以及带着青瓷鼓凳韵味的坐凳共同组合成了餐厅家具。这材质多样化、款型多元化的配搭，迎合了新装饰主义不拘泥于某种风格与形式的特点。再加上波普风的装饰画和灯箱，让整个空间看起来时尚、个性、有趣。

大师软装实战课 〉

利用风格、款型、材质的差异化来混搭另类的餐厅空间，使得空间引人注目而又极富现代艺术气息。

软装解析

用无彩色搭配餐厅空间最为冒险，黑白灰的调子始终缺乏餐厅所需的温度感。而本案巧妙地从饰品的材质上不着痕迹地弥补了这一缺陷，桌上藤条编织的花器配合自然生长的植物，粗陶的果盘里盛满新鲜的果子，还有椅子上藤编的坐垫等，正是这些天然的材质给毫无温度的色彩空间带来了生机和情感。

大师软装实战课 〉

自然生态的饰品能赋予空间生命力和情感体验。在餐厅角落放置弧形角柜使空间变得柔和流畅，又为小空间增加了储物和展示功能。

软装解析

白色的肌理墙和灰色的仿古地砖定格了空间的性格是朴实的、休闲的，而大体量原木家具的加入让这一性格更加突出。酒柜上随意地摆放着粗粝的餐具，角落处摆放着葱郁的绿植，餐桌上盛开的大丽花，描绘着一幅在阳光下、花影中进餐的愉悦场景。

大师软装实战课 〉

原木、棉麻、粗陶以及自然生长的植物花卉能给人带来轻快喜悦的心情，利用这些元素打造餐厅空间，能让进餐氛围轻松愉悦。

软装解析

大地色系的餐厅配色给人带来安静祥和的气息，大量木质家具的运用加上墙面的原木饰面有着一股森林与泥土的味道，边柜上森林题材的装饰画正顺应了这一内在寓意。家具款型简洁朴实，餐桌氛围饰品简洁利落，一盘绿色的释迦果给空间带来些许禅意的灵性。

大师软装实战课 〉

用大地色系搭配餐厅氛围，没有橙色系的欢快，也没有蓝色系的静谧，但一定是最安心、最沉静的就餐环境。

软装解析

以靛蓝色为色彩基调的餐厅空间，既有海洋和天空般的广阔，又弥漫着青花瓷般的文化气息。餐椅简洁的蓝白条纹与窗帘的晕染格纹从疏密上、轻重上都保持着差异的距离感，而又通过类同的色彩进行统一，和谐而不单调。餐桌插花采用深浅蓝色绣球的韵律与主色调呼应，使之成为画面的重点。麻编地毯、珊瑚饰品等暗示着海洋风格的休闲与清爽。

大师软装实战课〉

色彩类同、纹样差异化能很好地塑造空间的层次感和丰富性。同一色彩通过纯度的渐变来创造色彩的韵律感，使之富于变化而不显单调。

软装解析

以曙光银、冰川灰、深棕色以及赭黄色构成的一组时尚冷静的配色组成的用餐氛围，表达了简洁、大气、高格调以及富含艺术气息的空间诉求。造型极为简洁的餐桌加上椅背镂空的餐椅，使餐厅看起来更为开阔，隔断门采用了抽象的晕染水墨画，空气感十足，与地面的山纹大理石形成内在的呼应关系，也为空间带来浓郁的艺术气息。

大师软装实战课〉

餐桌上的黄色花艺和香蜡起到了非常关键的色彩顺承作用，让整个餐厅看起来冷静而不冷清。

软装解析

罗曼蒂克的淡浊色调展现了法式的浪漫与优雅。纤细的花鸟壁纸、雕饰精细的金色挂镜、精致的水晶吊灯、线条流畅的镂花餐椅以及色彩柔和的条纹面料，无不展现着洛可可风格的优雅与精致。

大师软装实战课〉

柔和的色彩，精细的雕饰、纤细的纹样流露着女性的婉约和柔美，是清新浪漫的，也是高贵优雅的。

● 根据风格选择餐具

现代风格的餐厅软装设计中，采用充满活力的彩色餐具是一个不错的选择；欧式古典风格餐厅可以选择带有一些花卉、图腾等图案的餐具；质感厚重粗糙的餐具，可能会使就餐意境变得大不一样，古朴而自然，清新而稳重，非常适合中式风格或东南亚风格的餐厅；镶边餐具在生活中比较常见，其简约却不单调，高贵却不夸张的特点，成为欧式风格与现代简约风格餐厅的首选。

▷ 过道

有些大户型的过道面积较大，可以布置一些边柜或者休息椅之类的家具，但如果面积较小，则最好不要布置这些家具，任何占用地面空间的家具，以保持过道的通畅为宜。过道空间是打造照片墙的极佳位置，除了表现生活气息之外，还可以缓解狭长过道所产生的压抑感。如果过道上没有柜子，可随意选取几张生活照或旅游风景照挂在墙上。

◇ 新古典风格过道

◇ 混搭风格过道

◇ 新中式风格过道

◇ 英式风格过道

◇ 田园风格过道

◇ 现代风格过道

软装解析

选用了磅礴大气的欧式家具款型，与客厅空间达成风格一致，高光烤漆描金的家具奢华大气，配合金色的艺术壁挂，将空间打造得高贵富丽。中心花台的布置保证动线顺畅的同时又弥补了空间的空旷，紫红色调的花艺与地毯上下呼应，为金银充斥的空间带来色彩的华丽感。

大师软装实战课〉

连通各个相邻空间的过厅起着非常重要的承接作用，与各个空间的风格和色调或是和谐一致，或是流畅过渡，擅自求变会显得突兀而喧宾夺主。

软装解析

黑色的玄关柜在灰白的空间里显得稳重而引人注目，弥补了因过道墙面色彩上重下轻而产生的压抑感。墙面的马赛克拼图有着后现代的时尚与锐利，黑白灰的基础色加重了这种冷峻的感觉，而黄色迎春花与蓝色装饰瓶之间产生的色彩对比显得活跃而机警，从而调和了这清冷的气氛，让空间瞬间变得时尚活泼起来。玄关柜上摆放的饰品形成三角构图，给人感觉稳固而充满变化。

大师软装实战课〉

黑色玄关柜的选用有效地平衡了墙面的轻重，黄色和蓝色的对比为冷峻的空间带来了活跃的气氛，装饰挂镜因为对景的塑造表现得镜中有景，折射的黄色装饰画与迎春花虚实呼应，从而丰富了墙面的色彩与内容。

软装解析

端景的塑造意在幽深和延续，避免给人以“死胡同”的感觉。本案选用线条感极强的玄关柜，从水平线上拉宽了狭窄的过道，深沉的色彩能让视觉退后，而墙面装饰挂镜通过对景的反射让视觉得以延伸。玄关柜上的饰品摆放采用均衡的构图方式，让画面看起来庄重典雅。黄色的花艺点缀性地调和了这种庄重的气氛。

大师软装实战课〉

玄关柜的横条纹能让视觉变得开阔，暗色调能让空间变得幽深，挂镜的折射有着极好的延伸感，使用镜面装饰时，应考虑对景的营造，好让镜中有景可映 。

软装课堂

● 过道端景软装搭配

端景的巧妙设计可以改变过道的氛围，掩盖原有空间的不足。简单的做法是在墙面悬挂一幅大小适宜的装饰画，前方摆设装饰几或装饰柜，上方摆设花瓶或工艺品。还有一种做法就是将墙面整体进行造型设计，再选择落地式的大花瓶，插上鲜花或干枝。或直接做出一体式的装饰台面，将饰品放在上面。

软装解析

白与黑是最基本的元素，是一切的开端，他们相互映衬，以对方的存在来显示其自身的力量。看似简练得干净的过道一隅实际上存在着极强的力量感。黑乌木的深沉和灰白的肌理墙面形成极强的反差，自然舒展的花枝占领了大部分画面，看似纤细却暗中渗透着强大的张力，而白色陶瓷器皿小巧玲珑的置于一端，安静而含蓄，与花枝之间形成极强的差异感。正是通过这些感官的矛盾，让看似简单的场景变得暗流涌动。

大师软装实战课〉

通过色彩、器形以及体量等形成的极大差异感，寥寥几笔创造出强大的力量感和画面感。

软装解析

墙面的欧洲地图拼画和玄关台上的青花瓷器，形成鲜明的中西风格对比，两侧鲜亮的蓝色单椅又与青花瓷器形成明显的色彩纯度对比，再加上做旧的家具木面和铁艺台灯带来的年代感，把过道装点得丰富多变，使人产生很强的视觉印象，“过”而不忘。

大师软装实战课〉

作为不常停留的通道空间，往往容易被人忽视和遗忘。而多元素的混搭能产生强烈的矛盾感，给人留下深刻的印象，从而变得引人注目。

软装解析

采用均衡布局的方式，在过厅左右两侧设置不同的家具及装饰品，但从形式上达成左右均衡的错视感，改变了对称布局方式带来的中规中矩。右侧白色的沙发有效地提亮了暗沉的色彩，左侧艳丽的装饰画活跃了沉闷的气氛，与相邻的空间又形成了色彩的呼应，使得过厅空间从真正意义上起到了承启的作用。

大师软装实战课〉

均衡的布置手法较之对称布置手法更为生动，一边调和明暗，一边调和彩度，布置各不相同，但从形式上使视觉产生平衡的错视感。

软装解析

门厅过道采用了左右对称的布局方式，两边设置的换鞋凳既有实用功能又为空间增添了活泼的元素，轻巧的款型显得空间通透而不逼仄。墙面的装饰画恰到好处地形成对景，白底黑框在米灰色的墙面上显得尤为突出，与换鞋凳的黑色框架呼应，从而使得画面色彩平衡。

大师软装实战课〉

门厅过道的家具选择轻盈小巧的款型，避免阻碍动线而使空间变得拥堵。完全对称分布的空间不仅家具布局对称，墙面也以对称的手法进行装饰。

▷ 书房

书房是现代家居生活中不可缺少的部分，它不仅是读书、工作的地方，更多的时候，也是一个体现居住者习惯、个性、爱好、品位和专长的场所。面积比较大的书房中通常会把书桌居中放置，大方得体。在一些小户型的书房中，将书桌设计在靠墙的位置是比较节省空间的，而且实用性也更强。书房饰品的摆设既要考虑到美观性，更要考虑到实用性。

◇ 工业风格书房

◇ 新中式风格书房

◇ 简约风格书房

◇ 新古典风格书房

◇ 田园风格书房

◇ 美式风格书房

软装解析

以简约现代的设计为主题，白色大理石搭配黑色铁艺框架的书桌赋予整个书房无限的魅力。深色条纹装饰墙面更增加了视觉高度，也为室内强烈的光线减压，黄色的边柜以及黄色二层几何形窗边为空间增添活力，也是设计的点睛之笔。

大师软装实战课〉

高大而开敞的空间是 LOFT 的体现，宽敞高大的落地窗为室内增加更多的光线。

软装解析

此书房充满了各种自然元素，铁艺的家具、不加修饰的木饰面体现了冷峻、硬朗的个性。蓝色布艺椅子与浅天色墙面相呼应成为整个空间的背景色，使人冷静舒适。背后的巨大黑板既是装饰也是工作中的工具，黑板上面书写的英文强调了生活情景的带入感。星形玻璃吊灯工艺风十足，也格外吸引眼球。

大师软装实战课〉

工业风设计深受现代年轻人的喜爱，铁艺的书桌架以及不加修饰的书桌面板、藤编的储物箱都是工业风的设计元素。

软装解析

豹纹书椅在书房中显得极为抢眼，她展现出来的性感与时髦赋予了空间鲜明的女性特征。桌面上亮丽的紫罗兰花艺，墙面上爱的标语，以及心形的写字板等，这些元素一同注入清浅的冰川灰空间，使得整个空间充满了浪漫与甜蜜的气息，同时斑马纹地毯和豹纹书椅又增添了些许野性与不羁。

大师软装实战课〉

一个充满爱的书房、LOVE 题材的四幅装饰画、心形的装饰写字板以及豹纹的椅子充满了摩登女性的魅惑力量。

软装课堂

● 根据风格搭配书房饰品

新中式风格书房在工艺饰品的选择上注意材质和颜色不要过多，可以采用一些极具中式符号的装饰物，填充书柜和空余空间，摆设时注意呼应性；现代简约风格书房在选择饰品时，要求少而精，有时可运用灯光的光影效果，令饰品产生一种充满时尚气息的意境美。为美式风格书房选择饰品时，要表达一种回归自然的乡村风情，采用做旧工艺饰品是不错的选择，如仿旧陶瓷摆件、实木相框等。新古典风格书房选择饰品时，要求具有古典和现代双重审美效果，如金属书挡、不锈钢烛台以及陶瓷的天使宝宝等。

软装解析

不锈钢与木质的结合是精心的设计，黑色斑马纹地毯与黑色的落地灯灯架形成色彩的呼应，舒适的麻布书椅与亚麻窗帘形成材质的呼应，角落的千鸟格沙发凳和木制书桌面为空间增加了一丝暖意，一盆粉色花艺点亮了素雅安静的空间。

大师软装实战课〉

视觉的焦点在斑马纹毛皮地毯上，舒适的布艺椅子搭配实木书桌面显得舒适而安静。

软装解析

书桌的款型别出心裁，四条桌腿如同四座摩天铁塔，与几何建筑题材的装饰画形成意境与实物的内在统一。造型独特的书椅彰显着时尚与个性，橄榄绿与群青蓝之间形成的色彩对照让空间显得更为摩登。

大师软装实战课〉

建筑元素的设计仿佛带入了另一个空间维度，纤细的线条家具与大幅几何建筑的装饰画完美呼应。

软装解析

大面积的绿洲色可以缓解视觉的疲劳，而湖水蓝和芥末黄的加入，令人精神振奋。简洁的书房家具给人以轻松的愉悦感，休闲沙发的布艺与窗帘布艺遥相呼应，纹样和色彩的统一让空间有一种安静的平衡。

大师软装实战课〉

黄、绿、蓝组成的一组邻近色的对照使得书房氛围如沐春风，散发着年轻的活力。

软装解析

不加雕饰的设计元素，质朴的乡村场景图案以及自然的材质等共同构筑一个休闲自在的书房场景。如此场景是轻松的、自然的、愉悦的。桌面的饰品选型顺应了总体的格调，每一个物件都在描绘着主人的工作情景，极富生活情感。

大师软装实战课〉

原木做旧的书桌有着时间侵蚀的沧桑感，窗帘与壁纸的乡村场景图案增添了淳朴的乡村元素。

▷ 儿童房

设计巧妙的儿童房，应该考虑到孩子们可随时重新调整摆设，空间属性应是多功能且具多边形的。家具不妨选择易移动性、组合性高的，方便重新调整空间。家具的颜色图案或小摆设的变化，则有助于增加孩子们的想象空间。此外，儿童房的软装布置要考虑到空间的安全性以及对身心健康的影响，通常避免大量的装饰，不用玻璃等易碎品或易划伤的金属类挂件，应预留更多的空间来自主活动。

◇ 婴幼儿房

◇ 男孩房

◇ 青少年房

◇ 公主房

软装解析

白色印花窗帘与空间颜色相协调，淡淡的浅灰色作为空间的背景色，穿插淡粉色布艺饰品的点缀，为空间增加了一些柔和与娇俏，当阳光的温度播撒在甜蜜的嗅觉中，整个空间散逸着幸福与烂漫的味道。墙面上不同尺寸但精心设计的装饰画、憨态可掬的毛绒玩具等，体现女孩的温婉可人，身处其中，每一寸气息都会感受到优雅而迷人。

大师软装实战课 〉

低彩度儿童房摒弃了传统高彩度儿童的稚气，淡淡的灰色墙面带有一夕粉色，在白色家具的衬托下更显优雅。

软装解析

小小航海家的房间是充满冒险精神的，蓝色的天空与大海，白色的沙滩还有灰色的礁石。帆船、罗盘、锚、舵、救生圈等实物装饰让房间显得更为生动，主题鲜明。红色与蓝色之间产生的强烈对比，让小主人勇敢振奋，一个航海梦就此扬帆起航。

大师软装实战课 〉

采用了大量的实物装饰儿童房，让空间的个性更为突出，主题更为鲜明。

软装解析

儿童房空间中采用大量储物柜去完成各种功能的设置，同时将展示柜和儿童床联合而成的结构也产生了很好的围合感，省去了过道的面积，从而增加了收纳的空间。

大师软装实战课 〉

儿童房中采用系统柜的思路可以大大增加空间的收纳量，而且系统柜的组合有多种多样的方式，也可以随时变动，这些变动可以在今后一段时间满足儿童年龄变化带来的新的规划需求。

软装解析

机车主题的儿童房充分展现了孩子好动的性格以及对汽车的喜好。黑白条纹壁纸和黑白格纹壁纸都能让人产生强烈的韵律感，再加上红色在空间的强调，整个氛围动感十足。跑车床、轮胎、车标等不论从实用上还是装饰上都各尽其职，把主题烘托得鲜明突出。一张赛车主题的地毯更是为空间增添了绚丽的色彩。

大师软装实战课 〉

黑＋白＋红的色彩搭配营造出动感十足的空间氛围，车标替代了装饰画丰富了墙面，各类汽车元素的装饰让儿童房主题突出、性格鲜明。

软装解析

男孩子的森林是神秘的，充满蓝天、白云，还有一片绿色的森林，森林里的小动物们在尽情地嬉戏。在有限的房间里为孩子打造一个童话世界，墙绘是很好的装饰手法。一艘载着梦想的小船，一组可以学习可以游戏的小木桩，象形的概念家具结合森林绿的色调，最大化地还原童话场景，让孩子在自己的静谧森林里快乐成长。

大师软装实战课〉

采用墙绘装点儿童房，能在有限的空间里最大化还原童话场景，象形家具既实用又能突显主题。

软装课堂

儿童房摆设桌凳

儿童房的家具有很多象征性的款式，布置时，可以采用先选择主体家具的方式，确定好空间的主题后，再选择其他的软装饰品，这样就可以创造出一个有特色的儿童空间。如果儿童房空间比较大，可以将一些造型可爱、颜色鲜艳、材质环保的小桌子、小凳子放在儿童房中，小朋友平时在房间中画画、拼图、捏橡皮泥，或者邀请其他小朋友来玩时，就可以用到它们了。

软装解析

每个女孩都有一个公主梦，梦里有粉色的马车，金色的皇冠，还有一根能瞬间变出 Kitty 和 Mickey 的魔法棒。粉色的大量使用使得这个公主梦得以呈现，而灰色的加入规避了单纯粉色带来的落俗。纤细柔美的法式家具天生带着少女般柔曼的气质，轻柔的床幔就如同公主的华盖般高贵优雅，窗帘层叠的荷叶边与床品丰富的皱褶给人一种温软的甜美。整个氛围梦幻、柔美、高雅。

大师软装实战课 〉

粉色是打造梦幻女孩房的最好利器，而单一的粉色会给人以俗套的感觉，灰色的加入让整个色彩氛围瞬间高雅起来。

软装解析

深蓝色 + 红色是美国国旗的颜色，而美国又塑造了无数的荧幕超级英雄，这两种颜色的搭配产生强烈的对比，给予了男孩勇敢和坚韧的心理暗示。每个男孩都有一个英雄梦，红蓝相间的床品犹如超人的战衣，五角星抱枕又如美国队长的盾牌，再加上绘有美国国旗的床头柜，为勇敢的孩子创造一个英雄的世界。

大师软装实战课 〉

强烈的色彩对比给孩子带来坚韧、勇敢的心理暗示，各类符号的运用恰到好处地加强了这一暗示。

▷ 休闲区

在一些别墅大户型空间中往往会利用地下室或者分隔出一部分公共空间作为休闲区，功能上可规划成视听室、台球室、会客室、和室、酒吧区等，这些区域进行软装搭配时要注意有整体感、均衡感和舒适感，避免饰品过于集中在室内的某一部位而显得疏密不匀。此外，休闲区摆设家具要适应建筑格局，因地制宜，这样既可充分利用面积，又可弥补房屋建筑方面的某些缺陷。

◇ 新中式风格休闲区

◇ 现代风格休闲区

◇ 美式风格休闲区

◇ 乡村风格休闲区

◇ 欧式风格休闲区

◇ 地中海风格休闲区

软装解析

大面积的棕咖色护墙板和天花板赋予了空间沉稳、大气的格调。米色菱格地毯的加入，让白与咖两色之间的对比顿时变得柔和起来，墙面白底黑框的装饰画采用了均衡的布局方式，庄重大气又不显单调，整个环境能让人安静理智而又不显沉冗，流露着一股绅士的高雅气质。

大师软装实战课 〉

台球室不适宜喧哗的色彩和繁复的造型，白 + 米 + 棕的配色加上简洁的造型和利落的布置能让人注意力集中。

● 休闲区台球桌搭配

能在家中有个台球室是很多人的理想。要注意在设计台球室时，一定要保证有足够的空间，球桌四周最好留有 2m 的距离，这样弯身打球时球杆才不会戳到墙面。设计时要根据各家的情况，如果空间有限，球桌可以选择相对小一些的美式九球桌。

软装解析

亮丽的山杨黄在白色的环境里显得尤为引人注目，她带来的热情让原本单调的空间活力四射，一张圆形地毯有效地将款式各不相同的单沙发组合起来，清晰地将空间进行了形式上的划分，黑白相间的地毯使得浅色调的空间瞬间有了下沉感而不显轻浅。家具的选型时尚、现代感十足，在角落摆放的艺术雕塑为空间增添了浓郁的现代艺术气息。

大师软装实战课〉

充满热情的黄色给休闲空间增添了活跃的气氛，而黑色的运用让空间上下层次分明，黑色与黄色搭配创造的运动感展现着年轻与活力。

软装解析

利用户型的特点，将休闲区布置成半围合的形式，既和户型保持造型一致又让休闲区域有了清晰的划分，多边形的地毯也是顺应了这一区域划分。茶几的玫瑰花彩绘与地毯的玫瑰花纹样呼应，让物体之间产生了内在的联系。湖蓝色和珊瑚色的搭配，给人以温馨浪漫的感觉，整个空间透露着轻松柔曼的女性气质，在这样的氛围里，和三两闺蜜沏上一壶花茶，温馨畅快的气氛应景而生。

大师软装实战课〉

半围合的沙发给人以圆润的感觉，结合清新亮丽的配色以及唯美的花卉团案的运用，让空间表达出一种柔美浪漫的女性格调。

软装解析

美式软体沙发的宽厚和柔软在休闲空间里显得更为舒适，浅米色的羊毛地毯、烟灰色的布艺沙发、米驼色的壁纸交融在一起，形成极为雅致的格调，加上饰品和装饰画的些许淡青色，将休闲区的氛围打造得更为从容优雅，在这样的环境里 一杯咖啡 一本书籍都是最好的生活品位的流露。

大师软装实战课 〉

没有繁复的雕饰，也没有绚丽的色彩，体量宽厚的软体沙发坐感舒适，浅灰色调的淡雅和柔和使人心情放松。

软装解析

将楼梯一隅打造成小的休闲区，既盘活了户型角落又将空间的使用率发挥到极致。一束清脆的阳光洒落在条纹的羊毛地毯上，藤编的休闲椅配上舒适的棉麻靠垫，背后是原木的条案，有着几分东方的情愫，而简洁的白底黑框装饰画又带着现代的气息。这一切都被带着西班牙风情的建筑空间包容着，显得简单而随性。

大师软装实战课 〉

选择轻盈的休闲家具装点空间一角，让小的角落装饰性和实用性并存，款型的轻巧和材质的本真使得小的空间简洁通透，不显臃肿。

软装解析

用暖色调来打造休闲区，犹如冬日的暖阳，让人温暖舒适。本案选用了支撑感好的高背沙发，能很好地放松肩颈，其边框又增加了人的包裹感和安全感。地毯的橙黄色格纹与墙面浅橙色上下呼应，形成暖意融融的色彩围合，深棕色豹纹抱枕的点缀让空间更富有层次。

大师软装实战课 〉

暖色系能给人以家庭式的温暖感受，整体采用暖色来营造，通过色彩的明暗关系来丰富空间层次，即使很小的休闲一角也是层次分明，富于变化的。

软装解析

将现代禅意风格的冷静和雅致运用于休闲空间，使得空间氛围安静而从容。规整的布局方式让空间显得更为理智，白色的沙发和地毯有种纤尘不染的脱俗，原木家具展现着本真的纯净，一幅灰调的装饰画显得风骨盎然，白色兰花的清雅更是赋予了空间不俗的神韵。在这样雅致的休闲空间里，一盏茶、一炉香是好的消遣。

大师软装实战课 〉

素白的沙发采用金属色感的抱枕装点，为禅意的空间带来现代的韵味。白 + 米 + 咖的色彩搭配过渡自然流畅，使得空间有种不惊不乍的安静和从容。

FURNISHING

DESIGN

PART

5

花艺 · 装饰画 · 灯饰照明 · 墙面壁饰 · 装饰摆件 · 餐桌摆设

六大软装配饰元素的 **实战摆场技巧**

▷ 花艺

花艺是通过鲜花、绿色植物和其他仿真花卉等对室内空间进行点缀。将花艺的色彩、造型、摆设方式与家居空间及业主的气质品位相融合，可以使空间或优雅，或简约，或混搭，风格变化多样。在家居装饰中，花器的种类有很多，从材质上来看，有玻璃、陶瓷、树脂、金属、草编等，而且各种材质的花器又拥有独特的造型，适合搭配不同的花卉。

◇ 乡村风格花艺

◇ 新中式风格花艺

◇ 欧式风格花艺

◇ 现代风格花艺

软装解析

厨房是整个家中最具功能性的空间，花艺装饰可改变厨房单调乏味的形象，使人减缓疲劳，以轻松的心情进行家务劳动。花器尽量选择表面容易清洁的材质，便于清洁，花艺尽量以让人清新的浅色为主。

大师软装实战课〉

厨房忌凌乱，切忌在妨碍工作位置摆放饰品。如不要在地面放置插花作品，以免妨碍通行，在靠近炉灶的位置也不要放置插花，以防止高温和煤气影响插花。

软装解析

餐桌是大家用餐与交流的地方，花瓶的高度不宜太高，否则会影响到大家的视线。花瓶宜摆放于餐桌的中央，这样大家可以一边就餐一边欣赏鲜花。花艺的选择要与整体风格和环境颜色协调一致。选择橘色黄色的花艺会起到增加食欲的效果。

大师软装实战课〉

餐厅搭配若选择蔬菜、水果材料的创意花艺，既与环境相协调，又别具情趣。

软装解析

日式家居风格一直受日本和式建筑影响，强调自然主义，重视居住的实用功能。花艺的点缀同样不追求华丽名贵，表现出纯洁和简朴。多以自然色系为主，常用草绿色、琥珀色等玻璃器皿搭配造型简单的干花。

大师软装实战课〉

日式花艺结合建筑空间、陈列的应用，追求空间简约之美。

软装解析

日式家居风格一直受日本和式建筑影响，强调自然主义，重视居住的实用功能。花艺的点缀也同样不追求华丽名贵，表现出纯洁和简朴。多以自然色系为主，常用草绿色、琥珀色等玻璃器皿搭配造型简单的干花。

大师软装实战课〉

日式花艺结合建筑空间、陈列的应用，追求空间简约之美。

软装解析

在现代简约家居之中很少见到烦琐的装饰，简洁大方、实用明快是其标准，体现了当今人们极简主义的生活哲学，空间显得干脆利落。白绿色与极简主义的黑白是最佳搭配。可以以相同色调不同形式，分别摆放了空间的各处，相互呼应。

大师软装实战课〉

现代风格的花艺，多以几何形出现，花材选择广泛，花器尽量以单一色系或简洁线条为主，自然美和人工美和谐统一。

绿植搭配法则

在空间软装布置中，经常使用绿植来增加空间中的自然感。这时就要考虑空间特性来选择绿植的大小体量。在空间相对空旷的情况下，可以采用体量较大的绿植，形成大面积的遮盖感。而在装饰度丰富的空间中，就要选择小巧精致的形态来点缀，切忌喧宾夺主。

软装解析

法式风格中，家具和布艺多以高贵典雅的淡色为主，强调材质纹理感和做工的精致，花艺的选择上颜色也要配合主题，多以清新浪漫的蓝色或者绿色调为主。

大师软装实战课〉

铜拉丝质感的花器在法式风格中很常见，给人浪漫精致感官体验。

东西方花艺的特点

花艺一般可以分为东方风格与西方风格，东方风格更追求意境，喜好使用淡雅的颜色，而西方风格更喜欢强调色彩的装饰效果，如同油画一般，丰满华贵。选择何种花艺，需要根据空间设计的风格进行把握，如果选择不当，则会显得与整体风格格格不入。

软装解析

新中式风格以传统文化内涵为设计基础，去除繁复雕刻，主张“天人合一”的精神。花艺设计也同样注重意境，追求绘画式的构图虚幻、线条飘逸，以花寓事、拟人、抒情、言志、谈趣。一般搭配其他中式传统韵味配饰居多，如茶器、文房用具等。

大师软装实战课 〉

中式花艺中花材的选择以“尊重自然、利用自然、融入自然”的自然观为基础，植物选择以枝杆修长、叶片飘逸、花小色淡、寓意美好的种类为主，如松、竹、梅、菊花、柳枝、牡丹、玉兰，迎春、菖蒲、鸢尾等。

软装解析

因为卫生间环境明显不同于其他厅室环境的特点，一般光线暗、空气湿度大、有异味等。所以卫生间布置以整洁安静的格调为主，搭配造型玲珑雅致、颜色清新的花艺作品，在浴室宽大镜子的映衬下，能让人精神愉悦，更能增加清爽洁净的感觉。

大师软装实战课 〉

卫生间多用白色瓷砖铺装墙面，同时空间狭小，装饰不求量多。清新的白绿色、蓝绿色是卫生间花艺很好的选择。

软装解析

卧室不仅提供给我们舒适的睡眠，更是我们思考和抚慰心灵的地方。因此，花艺布置最应考虑色彩与氛围的协调搭配。避免选择鲜艳的红色橘色等让人兴奋的颜色，尽量选择让人舒缓和放松心情的颜色。

大师软装实战课〉

卧室是最需要宁静的，插花不宜过多。如插鲜花最好选择没有香味的花材。美式风格的卧室花器的选择尽量温馨自然，比如陶质、木质等花瓶。

软装解析

现代简约风格，顾名思义就是家具和饰品都以少为宜。家具布艺颜色也多以素色的灰色卡其色为主。在花艺的选择上也依然遵循风格的特点，一般选择造型简洁，体量较小的花艺作为点缀。

大师软装实战课〉

简约风格中，花艺不能过多，一个空间最多两处，颜色要以空间画品中的亮色作为呼应，效果最佳。

软装解析

法式风格常选用晶莹剔透的玻璃花器搭配蓝紫色或粉紫色绣球，追求块面和群里的艺术魅力，让整个空间散发出浪漫和精致的味道。

大师软装实战课〉

颜色艳丽的花艺与空间的色调形成反差，成为整个空间的视觉焦点，也是居室常用的装饰手法，能够让整个空间更有生活气息。

花器搭配法则

挑选花器也要根据花卉搭配，如果想要装饰性比较强的花器，则要充分考虑整体的风格、色彩搭配等问题。通常实木与玻璃花器适合与各种颜色的花搭配，陶瓷花器不适合与颜色较浅的花搭配，金属花器不适合搭配颜色过浅的花。

软装解析

乡村风格在美学上崇尚自然美感，突显乡村的朴实风味，用来缓解现代都市生活带给人们的压抑感，花艺和花器的选择也遵循“自然朴素”的原则。花器不要选择形态过于复杂和精致的造型，花材也多以小雏菊、薰衣草等小型花为主。不需要造型，随意插摆即可。

大师软装实战课〉

乡村风格中花艺可以在一个空间中摆放多个，或者组合出现，营造出随意自然的氛围。

软装解析

新古典主义风格会给人以一种传统、中正、高雅、大气的感受，在这样的空间中，花艺是不可或缺的，能够营造出亲和感，软化传统中正效果中带来的些许生疏感。

大师软装实战课〉

在新古典风格中花器的选择也要跟整体格调协调统一，注重人工雕琢的盛装美。

▷ 装饰画

装饰画是软装设计中常用的配饰，具有很强的装饰作用，在家居空间中的适当位置悬挂装饰画既可以美化环境，又可以给家中带来艺术气息。居室内最好选择同种风格的装饰画，也可以偶尔使用一两幅风格截然不同的装饰画作为点缀，但不可产生眼花缭乱的效果。另外，如果装饰画特别显眼，同时风格十分明显，具有强烈的视觉冲击力，最好按其风格来搭配家具、布艺等配饰。

◇ 新古典风格装饰画

◇ 现代风格装饰画

◇ 新中式风格装饰画

◇ 美式风格装饰画

软装解析

波普风格通过塑造夸张的、大众化的、通俗化的方式展现波普艺术。色彩强烈而明朗，设计风格变幻无常，浓烈的色彩充斥着大部分视觉，装饰画通常采用重复的图案、鲜亮的色彩渲染大胆个性的氛围感。

大师软装实战课〉

解构、拼接、重复的为波普风格的基础手法，圆点、条纹、菱形以及抽象的图案是最常用的元素。

软装解析

北欧风格以简约著称，有回归自然崇尚原木的韵味，也有时尚精美的艺术感。装饰画的选择也应符合这个原则，抽象的主题，简约的色调，明朗的线条，简而细的画框有助营造自然宁静的北欧风情。

大师软装实战课〉

北欧风格的家居中装饰画的数量不宜过多，注意整体空间的留白。题材或现代时尚，或自然质朴。

软装解析

好的软装陈设有从不同角度看都和谐美丽的共同点。壁画的鲜亮色彩能点亮一个灰暗、冷硬的空间，选择跟花艺相同的内容能让画作从平面跳脱到立体空间中，并能跟空间陈设呼应紧密，组成新的空间立体画。

大师软装实战课 〉

现代简约风格中选择带亮黄、橘红等色彩的装饰画能点亮视觉，暖化大理石、钢材构筑的冷硬空间。

软装课堂

根据装饰风格搭配装饰画

家居装饰画应根据装饰风格而定，欧式风格建议搭配西方古典油画作品；田园风格则可搭配花卉题材的装饰画；中式风格适合选择中国风强烈的装饰画，水墨、工笔等风格的画作比较适合；现代简约的装饰风格较适合年轻一代的屋主，装饰画选择范围比较灵活，抽象画、概念画以及未来题材、科技题材的装饰画等都可以尝试一下；后现代风格特别适合搭配一些具有现代抽象题材的装饰画。

软装解析

乡村田园风格的特点是给人放松休闲的居住体验，颜色清新，鸟语花香的自然题材是空间搭配的首选。装饰画与布艺靠包的印花可以都选择相同或相近的系列，使空间具有延续性，能将空间非常好地融合在一起。

大师软装实战课 〉

乡村风格题材的选择以让人感觉自然温馨为佳，画框也不宜选择过于精致的，复古做旧的实木或者树脂相框最为适宜。

软装解析

现代轻奢空间于浮华中保持宁静，于细节中彰显贵气。抽象画的想象艺术能更好地融入这种矛盾美的空间里，给人以强烈的视觉冲击，让人印象深刻。

大师软装实战课 〉

轻奢风的装饰画画框以细边的金属拉丝框为最佳选择，与同样材质的灯具和饰品摆件完美呼应，给人以精致奢华的视觉体验。

软装解析

玄关是居家设计中的重中之重，而装饰画位置吸引着大部分的视线，作为整个空间的“门面担当”，画的选择是重点是题材、色调以吉祥愉悦为佳，并与整体风格协调搭配。

大师软装实战课〉

玄关通常贴一幅画装饰就可以了，尽量大方端正，并考虑与周边环境相搭配。

软装解析

美式乡村风格以自然怀旧的格调突显舒适安逸的生活。装饰画的主题多以自然动植物或怀旧的照片为主，突显自然乡村风味，画框多为擦起做旧的棕或黑白色实木框，造型简单朴实。

大师软装实战课〉

以老照片的方式来布置装饰画是个非常好的选择，突显休闲怀旧的情怀，根据墙面大小选择合适数量的装饰画错落有致的摆列。

软装解析

现代时尚风格的家居设计简约明快、时尚大方，在黑白灰的格调中用明黄色的抽象画提亮空间，形成视觉的极大反差，是打造另类个性空间的不二选择。

大师软装实战课 〉

在现代时尚空间中的装饰画尽量选择单一的色调，但可以与分布在不同位置，不同材质的家居饰品作为呼应。靠包、地毯和小摆件都可以和画种的颜色进行完美融合。

● 装饰画画框颜色搭配

一般来说，木质画框适合水墨国画，造型复杂的画框适用于厚重的油画，现代画选择直线条的简单画框。如果画面与墙面本身对比度很大，也可以考虑不使用画框。在颜色的选择上，如果想要营造沉静典雅的氛围，画框与画面使用同类色；如果要产生跳跃的强烈对比，则使用互补色。

软装解析

新中式是传统与现代的融合，时尚而富有文化底蕴，沉稳的棕色搭配白绿色显得庄重而活泼，给传统文化家居加入新的气息，装饰画选择同样的色调组合呼应软饰，延续淡雅而清爽的空间格调。

大师软装实战课〉

新中式的装饰细节上崇尚自然，花鸟鱼虫的主题是不会过时的选择，保持了传统的风骨，依然端庄素雅，也突显了现代简约的格调。

软装解析

新中式客厅庄重且耐看，而沙发背景墙是整个客厅的中心位置，这里的画主题跟色调宜沉稳大方，富有文化底蕴，黑框留白的中式画是非常好的选择，符合整体的静谧素雅的氛围。

大师软装实战课〉

客厅是整个家居空间中的重中之重，客厅的摆设、颜色一定程度上反映了主人的个性与品位。装饰画宜精不宜多，通常不超过三幅，寓意乐观祥和，且符合整个空间的格调。

软装解析

书房是个安静而富有文化气息的区域，中式书房内的画作宜静且雅，以营造轻松的阅读氛围，渲染“宁静致远”的意境。书法、山水、风景内容的画作来装饰书房通常是最佳选择，当然也可以选择主人喜欢的题材或抽象题材的装饰画。

大师软装实战课 〉

书房的装饰画在题材与色调上都宜轻松而低调，让进入书房的人能够安静而专注的阅读和思考。

装饰画悬挂高度

一是以观者的身高作为标准，画面的中心在观赏者视线水平位置往上 15cm 左右的位置，这是最舒适的观赏高度。二是以墙面为参考，一般居室的层高在 2.6~2.8m，根据装饰画的大小，画面中心位置距地面 1.5m 左右较为合适。如果装饰画周围还有其他摆件作为装饰时，要求摆设的工艺品高度和面积不超过画品的 1/3，并且不能遮挡画面的主要内容。

▷ 灯饰照明

灯饰是软装设计中非常重要的一个部分，很多情况下，灯饰会成为一个空间的亮点，每个灯饰都应该被看作是一件艺术品来看待，它所投射出的灯光可以使空间的格调获得大幅的提升。在一个比较大的空间里，如果需要搭配多种灯饰，就应考虑风格统一的问题。各类灯饰在一个空间里要互相配合，有些提供主要照明，有些是气氛灯，而有些是装饰灯。

◇ 工业风格灯饰照明

◇ 现代风格灯饰照明

灯饰照明

◇ 东南亚风格灯饰照明

◇ 欧式风格灯饰照明

软装解析

儿童房采用飞机卡通灯的方式，配合墙面和地面上交通工具图案的软装饰品，形成了很好的儿童房主题设计。

大师软装实战课 〉

挑选儿童房的中央吊灯时，可以考虑选择一些富有童趣的灯具为佳。一方面可以和空间中其他装饰效果相匹配。另一方面，童趣化的灯具一般成本不是太高，便于今后根据儿童的年龄阶段随时调换。

软装解析

书房的墙面上安装了双头摇臂的壁灯，长杆分支可以拉伸充当阅读区的照明作用，短杆分支可以就近满足榻榻米上的照明需求，同时这种偏工业化的外观也很好地与北欧风格形成了呼应。

大师软装实战课 〉

长短杆的工业风壁灯不但功能性十分强，对于不同区域可以体现分体照明的作用，同时外观造型十分出众，用在简约风格的空间中装修效果非常好。

软装解析

现代风格定义很广泛，更贴近现代人的生活，材质也多为新材料，如不锈钢、铝塑板等。它包括很多种流派，如极工业风、极简主义、后现代风等。但总体来说造型简洁利落，注重现代感。

大师软装实战课〉

根据不同的流派可搭配不同的灯饰。大体来讲，多搭配几何图形、不规则图形的现代灯，要求设计创意十足，具有时代艺术感。重视灯具的线条感，追求新颖、独特、靓丽的装饰效果。

客厅灯光运用

客厅的氛围营造，灯光的作用是必不可少的，主灯为主要的光源，同时也有很强的装饰性；光带如果用 T5 灯管做光源，会照亮整个空间。射灯为重点照明，墙面的装饰画，搁板上的小摆件都需要射灯来烘托。一些筒灯的点光源则作为辅助照明。这里需要注意的是家用光源尽量选用黄光或中性光，这样空间氛围会变得温馨许多。

软装解析

厨房灯具风格与整体空间协调一致。灯光色度要适中，以采用保持蔬菜水果原色的荧光灯为佳，厨房的特殊性决定了灯光更重实用，尽量不要装饰得过于花哨，厨房油污比较重，便于清洁，从节能上考虑，不需要安置太多的灯。

大师软装实战课〉

厨房操作台的空间为了便于主妇洗涤切菜等，可用吸顶灯或者嵌入式灯具装在顶部，以提供充足的光线，需要特别照明的地方也可安装壁灯或轨道。

软装解析

木质吊扇灯由于质地原因，比较贴近自然，所以常被用在复古又自然的风格当中，不仅是东南亚风格中常用的灯具，在地中海风格和一些田园风格中也可见到，营造出轻松随意的度假氛围。

大师软装实战课〉

吊扇灯在安装时要求层高尽量不要低于 2.6m，如果层高偏高又没有加装吊杆，人站到风扇下面就会感觉到风量不是很理想；如果层高不够又加装了吊杆就会导致吊扇灯偏低，人会感觉到压抑，同时也存在安全隐患。

软装解析

现代风格的灯具设计以时尚、简约为概念，多为现代感十足的金属材质，线条纤细硬朗，颜色以白色、黑色、金属色居多。

大师软装实战课〉

书房照明主要满足阅读、写作之用，要考虑灯光的功能性，款式简单大方即可，光线要柔和明亮，避免眩光产生疲劳，使人舒适地学习和工作。

书房灯光运用

如果是与客房或休闲区共用的书房，可以选择半封闭、不透明的金属工作灯，将灯光集中投到桌面上，既满足书写的需要，又不影响室内其他活动；若是在坐椅、沙发上阅读时，最好采用可调节方向和高度的落地灯。书房内一定要设有台灯和书柜用射灯，便于主人阅读和查找书籍。台灯宜用白炽灯为好，瓦数最好在 60 W 左右为宜，台灯的光线应均匀地照射在读书写字的区域，不宜离人太近，以免强光刺眼，长臂台灯特别适合书房照明。

软装解析

灯光是带给儿童欢乐时光的重要工具，在为孩子挑选灯具时，可以选择造型可爱、色彩温馨的灯饰，但选择的灯色不能太过奇怪，一般木质、纸质或者树脂材质的灯更符合儿童房轻松自然、充满温馨的氛围。

大师软装实战课 〉

儿童房选择灯具的原则以保护孩子的视力健康为主。孩子正处于生长发育期，对于学习照明的灯具来说，更重要的是在光源上是否符合孩子的实际需求。

软装解析

欧洲古典风格的灯具设计被誉为“罗曼蒂克生活之源”，灯具不仅造型精美，做工也十分细腻，灯具的整体造型显得华贵而高雅，充满浓郁的欧洲宫廷气息。

大师软装实战课 〉

客厅角几的台灯通常属于氛围光源，装饰性多过功能性，在颜色和样式的挑选上要注意跟周围环境协调，通常会跟装饰画或者靠包作为呼应效果最佳。

软装解析

纸质灯造型越来越多种多样，可以跟很多风格搭配出不同效果。一般多以组群形式悬挂，大小不一错落有致，极具创意和装饰性。纯白色搭配现代简约风格，更能给空间增加一分禅意。

大师软装实战课〉

纸质灯的设计灵感来源于中国古代的灯笼，纸质灯有着其他材质灯饰无可比拟的轻盈质感和可塑性。那种被半透的纸张过滤成柔和、朦胧的灯光更是令人迷醉。

软装解析

在餐厅装饰中，经常采用悬挂式灯具，以突出餐桌，造型别致的枝形吊灯，让整个空间看起来高贵精致。暖色的光源也营造出温馨的用餐气氛。

大师软装实战课〉

通常造型别致的吊灯装饰性强，照明功能相对不强，注意还要设置一般照明，保证整个餐厅有足够的亮度。

软装解析

法式风格的卧室，浪漫梦幻，所以台灯及壁灯的选择上可以有繁复的雕刻及精致的镶嵌，以突显奢华典雅的气质。样式上依然要注重与背景墙及床品床头的协调搭配。

大师软装实战课 〉

卧室属于私人的空间，在这个空间里你可以随心所欲，在灯光的布置上一定不能有压抑感，光源选用暖黄色，防让卧室内显得呆板没有生气。以温馨、舒适、愉悦的感觉为主。

● 卧室灯光运用

卧室里一般建议使用漫射光源，壁灯或者 T5 灯管都可以。吊灯的装饰效果虽然很强，但是并不适用层高偏矮的房间，特别是水晶灯，只有层高确实够高的卧室才可以考虑安装水晶灯增加美观性。在无顶灯或吊灯的区域安装筒灯是很好的选择，光线相对于射灯要柔和。

软装解析

鸟笼这个传统文化元素越来越多地被运用到室内装饰中，鸟笼花艺、鸟笼烛台、鸟笼灯具都是新中式风格中最经典的装饰品。给整个空间增添了许多鸟语花香，诗情画意的文人气质。

大师软装实战课 〉

鸟笼造型的灯具多种多样，有台灯、吊灯、落地灯等，居家用作吊灯要注意层高要求，较矮的层高就不适合悬挂了，会让屋顶看起来更矮，给人压抑感。更适合较大的空间，如大型餐厅，以大小不一高低错落的悬挂方式作为顶部的装饰和照明。

软装解析

铁艺烛台灯有很多种造型和颜色，简单而复古的造型，做旧的工艺，有种经过岁月洗刷的沧桑感。同样没有经过雕琢的原木家具及粗糙的手工摆件是最好的搭配。是地中海风格和乡村田园风格等一些自然风格搭配必选灯具。

大师软装实战课 〉

户外装饰灯具的选择要相对室内更加粗糙一些，家具饰品也是如此，因为户外的空间要打造得更加惬意舒适，相较室内空间更让人放松。

软装解析

玄关是整个家的门面，也是给人印象最深的空间，通常在玄关柜上会摆放对称的台灯作为装饰，有时候也用三角构图，摆放一个台灯与其他摆件和挂画协调搭配，中式风格中装饰台灯多以造型简单，颜色素雅的陶瓷灯为最佳选择。

大师软装实战课〉

玄关柜通常会用台灯作为装饰，一般没有实际的功能性。颜色的选择要与后面的挂画颜色形成呼应。

软装解析

欧式风格的别墅，通常会在门厅处或深入室内空间的交界处正上方顶部安装大型多层复古吊灯，灯的正下方摆放圆桌或者方桌搭配相应的花艺。用来增加高贵隆重的仪式感。

大师软装实战课〉

别墅门厅吊灯一定不能太小，高度不宜吊得过高，相对客厅的吊灯要更低一些，跟桌面花艺做很好的呼应，灯光要明亮。

软装解析

ART DECO 室内装饰风格通过其独特的造型、奢华新颖的材料、绚丽的色彩成为时尚摩登的代表。灯光色调和灯具的选择相当重要。灯具材质一般采用金属色如金色、银色、古铜色，具有强烈对比的黑色和白色。打造复古、时尚又现代感极强的奢华氛围。

大师软装实战课〉

餐厅是人们进食的地方，灯光不仅需要柔美，而且还能诱发人们的食欲，因此餐厅的照明，要求色调柔和、宁静，有足够的亮度，并且与周围的桌椅餐具相搭配，构成视觉上的美感。

● 餐厅灯光运用

餐厅要根据房间的层高、餐桌的高度、餐厅的大小来确定吊灯的悬挂高度，一般吊灯与餐桌之间的距离为55~60cm，过高显得空间单调，过低又会造成压迫感，因此，只需保证吊灯在用餐者的视平线上即可。另外，为避免饭菜在灯光的投射下产生阴影，吊灯应安装在餐桌的正上方。此外还要注意选购多盏吊灯组合款式时，容易存在安全隐患，安装时就要注意把它排列成等边三角形，使灯球受力均匀而不易破碎。

软装解析

新中式风格的灯饰相对于古典纯中式，造型偏于现代，线条简洁大方，只是在装饰上采用了部分中国元素。与同样有中式元素的床头柜，背景画融为一体，整体气质雅致内敛，中庸大度。

大师软装实战课 〉

床头柜上摆放的台灯装饰性要比功能性大些，一般属于氛围光源，切忌使用过于明亮的光源，也尽量选择暖光源。柔和温暖的点光源可以营造温暖放松的氛围。

软装解析

简约线条造型的新中式灯，与实木线条的家具和格栅相得益彰，整个呈现出空间雅致而深沉的文人气气息。

大师软装实战课 〉

新中式餐厅灯具的选择，常规的搭配我们是按餐厅的面积及餐桌的形状来选择，长方形的餐桌可以搭配长方形的新中式灯具，圆形的搭配圆形的新中式灯具。

▷ 墙面壁饰

壁饰是指利用实物及相关材料进行艺术加工和组合，与墙面融为一体的饰物。镜子、挂盘、壁毯、壁画、工艺挂件等都属于其中的一种。运用镜子作为装饰既能够起到掩饰缺点的作用，又能够达到营造居室氛围的目的；以盘子作为墙面装饰，不局限于任何家居风格，各种颜色、图案和大小的盘子能够组合出不同的效果，或高贵典雅，或俏皮可爱。

◇ 地中海风格墙面壁饰

◇ 乡村风格墙面壁饰

◇ 工业风格墙面壁饰

◇ 新中式风格墙面壁饰

◇ 现代风格墙面壁饰

软装解析

新中式风格雅致而沉稳，常用字画、折扇、瓷器等来作为饰品装饰，注重整体色调的呼应、协调，沉稳素雅的色彩符合中式风格内敛、质朴的气质，荷叶、金鱼、牡丹等具有吉祥寓意的饰品会经常作为壁饰用于背景墙面装饰。

大师软装实战课〉

中式家居讲究层次感，选择组合型壁饰的时候注意各个单品的大小选择与间隔比例，并注意平面的留白，大而不空，这样装饰起来才有意境。

软装解析

餐厅如果是开放式空间，应该注意饰品在空间上的连贯，在色彩与材质上相呼应，并协调局部空间的气氛，餐具的材料如果带有金色的，在墙面饰品中加入同样的色彩格调，有利于空间氛围的营造与视觉感的流畅。使整个空间的气息更和谐。

大师软装实战课〉

在整体偏冷雅的环境中加入金色能增加空间的富贵与温暖感，但金色不宜过多，根据整体色调选择一定的比例进行点缀，用于墙壁装饰的时候宜轻便有立体感，注意层次的排列。

软装解析

同空间的元素在风格上统一才能保持整个空间的连贯性，将壁饰的形状、材质、颜色与同区域饰品保持一致，营造出非常好的协调感。

大师软装实战课〉

壁饰根据装饰材料分软装饰跟硬装饰，在材料质感与装饰手法上给人不同的感受，将柔和感的平面画作镶嵌在硬质材料里，能软化材料带来的生硬感，起非常好的平衡作用。

软装解析

极简风格中以简约宁静为美，饰品相对比较少，选择少量的壁饰以实物装饰画的形式分布整面墙壁，能点亮整个空间。

大师软装实战课〉

在饰品比较少的空间里，注重元素之间的协调对话，选择壁饰的时候更注重意境的刻画。

软装解析

东南亚和新中式风格里的元素在精不在多，选择壁饰时注意留白跟意境，若营造沉稳大方的空间格调，选用少量的木雕工艺饰品和铜制品点缀有着画龙点睛的作用。

大师软装实战课〉

铜容易生锈，在选用铜作为饰品时要注意做好护理防生锈。

软装解析

过道的驻足时间不长，但装饰不可忽略，通常除了装饰画以外，在墙面上悬两束花草也能起到很好的装饰作用，增添自然活力，为过道营造一个轻松阳光的氛围。

大师软装实战课〉

并不是所有的花都适合放在花架上或室内，要根据花的习性跟室内的采光选择合适的植被，也可选择仿真系列的花，以轻便易打理为佳。

软装解析

在休闲式的风格里壁饰的选择相对比较随性，可用普通的小布板或易拉罐改造，自制 DIY 的最大特点是自己动手打造“限量款”。

大师软装实战课〉

如果疲倦了工业风的千篇一律，DIY 是个贴近自然、创新发明的好选择。

● 壁毯搭配要点

在悬挂壁毯时要根据不同的空间进行色彩搭配。例如现代风格的空间，整体以白色为主，壁毯的选择应以鲜亮、活泼的颜色为主。色彩浓重的壁毯比较适合过道的尽头或者大面积空置的墙面，可以很好地吸引人的视线，起到意想不到的装饰效果。

软装解析

别致的树枝造型的壁饰有多重材质，陶瓷加铁艺，还有纯铜加镜面，都是装饰背景墙的上佳选择。相对于挂画更加新颖，有创意。给人耳目一新的视觉体验。

大师软装实战课 〉

用整体壁饰装饰背景墙，墙面最好是做硬包或者软包处理之后的，这样效果更加精致，但底色一定不能太深，也不能太花哨。

软装解析

后现代风格里常用黑色搭配金色来打造酷雅、奢华的空间格调，金色金属饰品占据相对大的比例，金色的壁饰搭配同色调的烛台或桌摆可以协调出典雅尊贵的空间氛围。

大师软装实战课 〉

在使用金属饰品作为主要装饰的时候，注意添加适量布艺、丝绒、皮草等软性饰品来调和金属的冷与硬，烘托华丽精致的空间感，平衡整个家居环境的氛围。

软装解析

青花瓷作为装饰品气质明朗而安定，是居家设计中永不过时的经典装饰品。青色是一种安定而宁静的颜色，将青花瓷贴用于壁饰，既能远观又能近赏，能达到“远看颜色近看花”的作用，不仅中式风格适用，其他风格如法式美式也都能搭配出不一样的美。

大师软装实战课〉

用青花瓷作为墙壁装饰的空间，如果再加上其他位置青花纹样的呼应，如青花花器或者布艺装饰点缀一二，效果更佳。

● 挂盘搭配要点

挂盘的图案一定要选择统一的主题，最好是成套系使用。装点墙面的盘子，一般不会单只出现，普通的规格起码要三只以上，多只盘子作为一个整体出现，这样才有画面感，但要避免杂乱无章。主题统一且图案突出的多只盘子巧妙地组合在一起，才能起到替代装饰画的效果。

软装解析

对于光线跟外景都非常好的住宅，不用过多的装饰，将自然美景划入空间就是最美的装饰，用玻璃墙将空间外的美景引入室内，随季节的变换而不断更换新的景色，为家居营造自然的气息。

大师软装实战课〉

装饰不一定是改造的，也可以将自然天成的景象纳入视觉空间，越贴近自然越美不胜收。

软装解析

扇子是古时候文人墨客的一种身份象征，有着吉祥的寓意。圆形的扇子饰品配上长长的流苏和玉佩，是装饰背景墙的最佳选择，通常会用在中式风格和东南亚风格的客厅和卧室中。

大师软装实战课〉

卧室作为休息的地方，色调不宜太重太多，光线亦不能太亮，营造一个温馨轻松的居室氛围，背景墙的装饰应选择图案简单，颜色沉稳内敛的饰品，给人以宁静和缓的心情，利于高质量的睡眠。

软装解析

儿童房的装饰宜安全、创新有童趣，颜色相对鲜艳而温暖，墙面可以是儿童喜欢的或引发想象力的装饰，如儿童玩具、动漫童话、小动物、小昆虫、树木等，根据儿童的性别选择不同格调的饰品，应该鼓励儿童多思考多接触自然。

大师软装实战课〉

儿童房的装饰要考虑到空间的安全性以及对身心健康的影响，通常避免大量的装饰，忌用玻璃等易碎品或易划伤的金属类饰品，预留多的空间来自主活动。

软装解析

茶室在中式风格里比较常见，是供饮茶休息的地方，宜静宜雅，装饰少而又少，或用一两幅字画、些许瓷器点缀墙面，以大量的留白来营造宁静的空间氛围。

大师软装实战课〉

茶室的壁饰，可选择具有自然而和缓格调的、带有山水的艺术感元素，如莲叶、池鱼、流水等，与茶水文化气质相呼应，饰品的选择宜精致而有艺术内涵。

▷ 装饰摆件

装饰摆件就是平常用来布置家居的装饰摆设品。木质装饰摆件给人一种原始而自然的感觉；陶瓷摆件大多制作精美，很具艺术收藏价值；玻璃装饰摆件的特点是玲珑剔透、晶莹透明、造型多姿；树脂可塑性好，可以任意被塑造成动物、人物、卡通等形象；金属工艺饰品风格和造型可以随意定制，以流畅的线条、完美的质感为主要特征，几乎适用于任何装修风格的家庭。

◇ 美式风格装饰摆件

◇ 现代风格装饰摆件

◇ 北欧风格装饰摆件

◇ 新中式风格装饰摆件

◇ 田园风格装饰摆件

软装解析

中式风格有着庄重雅致的东方精神，饰品的选择与摆放延续着这种手法并有着极具内涵的精巧感，在摆放位置上选择对称或并列，或者按大小摆放出层次感，以达到和谐统一的格调。

大师软装实战课〉

中式风格中注重视觉的留白，有时会在局部上点缀一些亮色提亮空间色彩，比如传统的明黄色、藏青色、朱红色等，塑造典雅的传统氛围。

软装解析

书房是阅读学习的宁静空间，也是收藏区域，所以这里的饰品以收藏品为主，可以选择有文化内涵或贵重的收藏品来作为装饰，与书籍、个人喜欢的小饰品搭配摆放，按层次排列，整体以简洁为主。

大师软装实战课〉

书房的空间以安静轻松的格调为主，所以饰品颜色不宜太亮、造型避免太怪异，以免给进入该区域的人造成压抑感。

软装解析

走道上除了安装装饰画外，也可以增加些饰品提升空间感，切忌太多，以免引起视觉混乱，颜色、材质的选择跟家具、装饰画相呼应，饰品造型通常简单大方搭配协调。

大师软装实战课〉

走道上是经常来去活动的地方，这里的饰品摆放要注意位置的安全稳定，并且注意避免阻挡空间的活动线。

软装课堂

装饰摆件搭配法则

桌面的摆饰经常会有多种饰品来组合呈现。在不同类别的物件摆设上，要注重摆放位置的构图关系。例如三角形、S形等不同方式的摆放，会使桌面形成不同的装饰效果，但首要前提是构图必须要稳定，这样才能形成协调的感觉，否则看上去就会很乱。

软装解析

玄关的装饰设计是整个空间设计的浓缩，饰品宜简宜精，饰品与花艺搭配，打造一个主题，是常用的和谐之选，中式风格中，花艺加鸟形饰品组成花鸟主题，让人感受鸟语花香、自然清新的气氛。

大师软装实战课 〉

玄关的简洁大方让进门的人不会有压抑感，饰品不能太多，一两个高低错落摆放，形成三角构图最显别致巧妙。

软装解析

北欧风格简洁自然，由于装饰材料多质朴天然，空间主要使用柔和的中性色进行过渡，自然清新，饰品相对比较少，大多数时候以植物盆栽、蜡烛、玻璃瓶、线条清爽的雕塑进行装饰，室内几乎没有纹样图案装饰，北欧风格中那份简洁宁静的特质是空间精美的装饰。

大师软装实战课 〉

北欧风格中饰品布置相对随性自然，可直接置于地面，饰品色彩与主体风格相呼应，以米色、白色、浅木色为主，展现材质原有的纹理，呈现更接近大自然的原生态美感。

软装解析

传统中式与经典美式的混搭，融合了中式的清雅与美式的厚重。以青花瓷瓶最简单的装饰演绎了最从容的古典东方风韵。红棕色玄关柜的厚重感，在色彩上与青花的蓝白色完美搭配，恰好平衡了整个空间的色调。

大师软装实战课 〉

青花清新俊逸的气质使其在许多风格中都能非常好地增添装饰美感，如中式风格、美式风格、法式风格、东南亚风格等，主要以瓷器形式出现，或以装饰画、布艺花纹的形式融入空间，都充满宁静雅致的艺术气息。

软装解析

壁炉是欧美风格中最常见的装饰元素，通常整个客厅的重点装饰部分，最基础的壁炉台面装饰方法是整个装饰区域呈三角形，中间摆放最高最大的背景物件（如镜子、画作等），左右两侧摆放烛台、植物等装饰来平衡视觉，底部中间摆放小的画框或照片，角落里可以点缀一些高度不一的小装饰品。

大师软装实战课 〉

壁炉除了上面需要放置装饰品之外，旁边也可适当加些落地装饰品，如果盘、花瓶等，不升火时放置木柴等都能营造温暖的氛围。做旧的壁炉选择的配饰也是合适的复古风。褪色的木头与发黄的纸张、花色的砖壁与实木色的镜框，这些元素的搭配和谐又温馨。

软装解析

中式的客厅室内多采用对称式布局方式，格调高雅，造型简朴优美。在陈设摆件和花器上多以陶瓷制品为主，盆景、茶具也是不错的选择。既能体现出主人高雅的品位与性格，更适合营造端庄融洽的气氛，而且还应注意饰品摆放的位置不能遮挡人们正常的视线。

大师软装实战课〉

中式摆件精雕细琢、瑰丽奇巧，庄重与优雅并存，独具中国韵味，在家居装饰中给人美的享受。

● 根据风格搭配装饰摆件

现代简约风格家居应尽量挑选一些造型简洁的高纯度饱和色的装饰摆件。新古典风格中可以选择烛台、金属动物摆件、水晶灯台、果盘或烟灰缸等摆件。美式风格客厅经常摆设仿古做旧的工艺饰品，如略显斑驳的陶瓷摆件、鹿头挂件等。新中式风格客厅的饰品繁多，如一些新中式烛台、鼓凳、将军罐、鸟笼、木质摆件等，从形状中就能品味出中式禅味。

软装解析

楼梯口适合大而简洁的组合性装饰，简约自然的线条不会过多的消耗人的视觉而引起长时间的停留，如一组大小不一的落地陶罐组合搭配干支造型的装饰，古朴又有意境，不张扬不做作，突显主人的品位。

大师软装实战课〉

楼梯口的装饰容易被忽略，这里加上一组柜子或几个摆件，会使整个空间的装饰感得以延续，通过楼梯口的过渡，为即将看到的空间预留惊喜。注意依楼梯的形状由高至低排列，构筑和谐有层次的空间秩序。

软装解析

现代风格简约实用，饰品不宜过多，以个性前卫的造型、简约的线条和低调的色彩为宜，抽象人脸摆件，人物雕塑，镜面的金属摆件是现代风格最常见的装饰品。

大师软装实战课〉

现代风格中的饰品或简约或富有个性，如简单的书籍组合，造型独特的雕塑，以简约的线条为主，展现现代装饰的个性与美感。

软装解析

隐形的隔断除了划分区域，其装饰部分也是重点，适宜作为多宝格来展示居家的收藏品，瓷器、玻璃类的饰品，营造高雅、古朴、新颖的格调。需要注意的是每个格子的饰品分布不要太分散，紧凑而有层次。还要注意每个格子饰品颜色的协调搭配。

大师软装实战课〉

多宝格隔断一定程度上阻隔室内的视线，为两个空间的过渡部分，饰品的格调、色彩需呼应两个空间的装饰，以达到美观且缓冲的作用。

● 利用灯光效果搭配摆件

摆放家居工艺饰品时要考虑到灯光的效果。不同的灯光和不同的照射方向，都会让工艺饰品显示出不同的美感。一般暖色的灯光会有柔美温馨的感觉，贝壳或者树脂等工艺饰品就比较适合；如果是水晶或者玻璃的工艺饰品，最好选择冷色的灯光，这样会看起来更加透亮。

软装解析

美式乡村风格摒弃了奢华，并将不同的元素加以汇集融合，突出“回归自然”的设计理念，在设计与材料上的定义相对广泛，其质朴的性格兼容并包许多元素，金属、藤条、瓷器、天然木、麻织物等都能以质朴的方式互相融合，创造自然、简朴的格调。

大师软装实战课〉

青花瓷宁静天然的特质能自然的融合于乡村风格中，更显清婉惬意的格调，用于花器或单独装饰等都能适用。

软装解析

东南亚风格结合了东南亚民族岛屿特色与精致文化品位，静谧而雅致，其装饰品与其整体风格相似，自然淳朴、富有禅意。所以饰品多为带有当地文化特色的纯天然材质的手工艺品，如粗陶摆件、藤或麻装饰盒、大象、莲花、棕榈等，富有禅意，充满淡淡的温馨与自然气息。

大师软装实战课〉

东南亚风格装饰无论是材质或颜色都崇尚朴实自然，饰品色彩大多采用原始材料的颜色，棕色、咖啡色、白色是常用颜色，营造古朴天然的空间氛围。

▷ 餐桌摆设

餐厅是家中最常用的功能区之一，一般布置餐具、烛台、花艺、桌旗、餐巾环等饰品。其中餐具是餐厅中最重要的软装部分，一套造型美观且工艺考究的餐具可以调节人们进餐时的心情，增加食欲。此外，餐具的摆放礼仪也十分讲究，中式餐具与西餐餐具的布置手法大不相同。

◇ 欧式风格餐桌摆饰

◇ 乡村风格餐桌摆饰

◇ 新中式风格餐桌摆饰

◇ 现代风格餐桌摆饰

软装解析

典雅与浪漫是法式软装一贯秉承的风格，因此餐具在选择上以颜色清新、淡雅为绝佳，印花要精细考究，最好搭配同色系的餐巾，颜色不宜出挑繁杂。

大师软装实战课 〉

银质装饰物可以作为餐桌上的搭配，如花器、烛台和餐巾扣等，但体积不能过大，宜小巧精致。

软装解析

美式风格的特点是自由舒适，没有过多的矫揉造作，讲究氛围的休闲和随意。因此，餐桌的布置可以内容丰富，种类繁多，烛台风油灯，小绿植，还有散落的小松果都可以作为点缀。餐具的选择没有必要是严格的一套，随意搭配，色彩明快，给人感觉温馨而又放松，食欲倍增。

大师软装实战课 〉

装饰物虽品类繁多，色彩鲜艳，但在摆放上也要注重细节和颜色的搭配，太过精致奢华的饰品不适合美式餐桌。

软装解析

北欧风格以简洁著称，偏爱天然材料，原木色的餐桌、木质餐具的选择能够恰到好处地体现这一特点，使空间显得温暖与质朴。不需要过多华丽的装饰元素，几何图案的桌旗是北欧风格的不二选择。

大师软装实战课〉

除了木材，还可以点缀以线条简洁、色彩柔和的玻璃器皿，以保留材料的原始质感为佳。

软装解析

现代简约风格以简洁、实用、大气为主，对装饰材料和色彩的质感要求较高，餐桌的装饰物可选用金属材质，且线条要简约流畅，可以有力地体现这一风格。

大师软装实战课〉

现代简约风格简约而不简单，装饰物在摆放上并非简单的堆砌，要独具匠心，做到既美观又实用。

软装解析

中式风格追求的是清雅含蓄与端庄，在餐具的选择上大气内敛，不能过于浮夸，在餐扣或餐垫上体现些中式传统韵味的吉祥纹样，以传达中国传统美学精神。常用带流苏的玉佩作为餐盘装饰。

大师软装实战课〉

中式的餐桌上的装饰物不宜过多，盆景作为餐桌的主花是最佳选择，保持了整体风格的沉稳与雅致。

● 餐具搭配法则

在同一餐厅中的餐具一定要搭配协调。比如纯中式风格的餐具不要配用西式的烛台，细腻的骨瓷也不要与古拙的陶器同时出现在餐桌上。如果觉得同一款式、质地的餐具使餐桌的风格略显单调的话，穿插使用一些木制、竹制或金属质地的餐具来调节一下餐桌的冷暖或软硬感也是一种不错的选择。